U0387665

清华电脑学堂

微课学网页UI
布局与配色

刘明秀 / 编著

清華大學出版社
北 京

内容简介

当今的网页设计师不仅需要掌握网页制作技术，还需要掌握有关网页 UI 布局与配色设计等方面的知识，再通过自己的实践积累，才能逐步成为一个优秀的网页设计师。在多姿多彩的互联网世界中，悦目的视觉效果和合理的页面布局能够给浏览者留下深刻的印象。

本书全面解析了网页 UI 布局与配色设计的相关知识，抛开有关设计软件的内容，运用可以激发创意、扩展设计思路的方法对网页 UI 布局与配色设计进行讲解。全书共分为 8 章，包括网页 UI 元素设计、网页 UI 中的文字排版与图形设计、网页 UI 布局基础、网页 UI 布局形态与视觉风格、网页 UI 配色基础、网页 UI 元素的配色、网页 UI 配色基本方法和网页 UI 配色技巧等内容。另外，本书赠送 PPT 课件和同步微视频。

本书内容丰富、结构清晰，注重思维锻炼与实践应用，不仅可以作为各类在职人员在实际网页设计工作中的理想参考用书，也可以作为专业艺术院校设计专业的参考用书。

图书在版编目（CIP）数据

微课学网页UI布局与配色 / 刘明秀编著. -- 北京：

清华大学出版社，2025. 3. --（清华电脑学堂）.

ISBN 978-7-302-68146-5

Ⅰ. TP393.092.2

中国国家版本馆CIP数据核字第2025DW0508号

责任编辑：张　敏
封面设计：郭二鹏
责任校对：徐俊伟
责任印制：刘　菲

出版发行：清华大学出版社
　　　　网　　　　址：https://www.tup.com.cn，https://www.wqxuetang.com
　　　　地　　　　址：北京清华大学学研大厦A座　　　　邮　　编：100084
　　　　社　总　机：010-83470000　　　　　　　　　　邮　　购：010-62786544
　　　　投稿与读者服务：010-62776969，c-service@tup.tsinghua.edu.cn
　　　　质　量　反　馈：010-62772015，zhiliang@tup.tsinghua.edu.cn
　　　　课　件　下　载：https://www.tup.com.cn，010-83470236
印　装　者：涿州汇美亿浓印刷有限公司
经　　销：全国新华书店
开　　本：170mm×240mm　　　　印　张：15　　　　字　数：411 千字
版　　次：2025年4月第1版　　　　印　次：2025年4月第1次印刷
定　　价：79.80元

产品编号：090106-01

前言

　　网页是通过视觉语言与浏览者进行交流的，当浏览者打开网页之后，首先注意到的是整个页面的布局和色彩搭配，只有在打开网页后迅速地吸引浏览者的关注，才能够留住浏览者。作为网页设计师必须发挥可以快速传递网页整体性、内容可用性的创造力，通过出色的色彩搭配，才能够有效地突出网页主题的表现并吸引浏览者，加上出色的页面布局设计，使页面内容的排版更加合理，才更便于浏览者阅读。

　　本书力求跟随当前网页 UI 设计的潮流趋势，从汲取国内外的优秀网页 UI 出发，精选其中的网页 UI 作为本书案例，提供最具吸引力的网页布局和配色方案，帮助读者设计出更出色的网页作品。

本书内容安排

　　本书全面解析了网页 UI 布局与配色设计的相关知识，抛开有关设计软件的内容，运用可以激发创意、扩展设计思路的方法对网页 UI 布局与配色设计进行讲解，并对具体的案例进行分析。全书共分为 8 章，各章的主要内容如下。

　　第 1 章　网页 UI 元素设计，主要向读者介绍网页 UI 中各种构成元素的相关知识，使读者在网页 UI 的布局设计中能够更好地运用不同的页面元素。

　　第 2 章　网页 UI 中的文字排版与图形设计，向读者介绍网页 UI 中的文字排版和图形设计相关知识，包括网页中的文字、网页中文字的排版、图形在网页 UI 中的作用、网页中的图形设计类型和网页中图片的排列布局形式等内容，使读者对网页中文字和图片的设计排版处理有更深入的理解。

　　第 3 章　网页 UI 布局基础，向读者讲解网页 UI 布局的相关基础知识，包括了解网页 UI 布局、网页 UI 布局的基本方法、网页 UI 布局的要点、根据整体内容位置决定的网页 UI 布局、根据分割方向决定的网页 UI 布局和初始页面的布局类型等相关内容，使读者能够根据所学习的知识选择合适的网页 UI 布局方式。

　　第 4 章　网页 UI 布局形态与视觉风格，向读者介绍网页 UI 布局形态和视觉风格的相关知识，包括网页功能与网页形态哪个更重要、网页 UI 布局形态的含义及情感、大众化网页 UI 布局形态、个性化网页 UI 布局形态和常见网页 UI 视觉风格等相关内容，使读者能够深入理解多种不同的网页布局形态与视觉风格。

　　第 5 章　网页 UI 配色基础，向读者介绍有关网页 UI 配色的相关基础知识，包括色彩基础、色彩的属性、有彩色与无彩色、色调、网页 UI 配色的联想作用和 UI 配色的基本步骤等内容，使读者更好地认识和了解网页 UI 配色。

　　第 6 章　网页 UI 元素的配色，向读者介绍各种网页元素的配色方法，包括色彩在网页 UI 中所扮演的角色、网页元素的色彩搭配、根据受众群体选择网页配色、根据商品销售阶段选择网页配色、如何打造成功的网页配色和常见网站配色等内容，使读者能够理解并掌握网页元素的配色方法和技巧。

第 7 章　网页 UI 配色基本方法，向读者介绍有关网页 UI 配色方法的相关知识，包括基于色相的配色方法、基于色调的配色方法、融合配色方法、对比配色方法和表现网页 UI 情感印象的配色等内容，使读者能够理解并掌握多种网页 UI 配色方法。

第 8 章　网页 UI 配色技巧，向读者介绍一些 UI 设计配色技巧，包括 UI 中色彩的作用与心理感受、突出主题的配色技巧、黑白灰配色技巧、使用鲜艳的配色方案提升 UI 设计效果和网页 UI 深色背景的使用技巧等内容，希望能够帮助读者少走弯路，快速提高 UI 设计配色水平。

本书特点

本书通俗易懂、内容丰富、实用性很强，几乎涵盖了网页 UI 设计的方方面面。读者通过学习网页 UI 布局和配色的基础原理，能够运用学习到的网页 UI 布局知识和技巧对网站页面进行布局设计，并且能够在设计中合理进行色彩搭配，将最具感染力的配色和能够有效传达信息的页面布局应用到设计中。

另外，本书赠送 PPT 课件和同步微视频，读者可扫描下方二维码下载学习和使用。

PPT 课件

微视频

本书作者

本书适合正准备学习或者正在学习网页 UI 设计的初、中级读者。本书充分考虑到初学者可能遇到的困难，讲解全面深入，结构安排循序渐进，使读者在掌握了知识要点后能够有效总结，并通过实例分析巩固所学知识，提高学习效率。

本书由刘明秀编写。由于时间较为仓促，书中难免有疏漏和不足之处，在此恳请广大读者朋友批评、指正。

编者

2024 年 10 月

目录

网页 UI 由多种元素共同构成，这些元素的合理布局与出色设计能够使网页 UI 变得更加富有创意和吸引力。它们不仅能够增强网页界面的结构立体感，还能让页面展现形式变得更加多样化。

本章将向读者介绍网页 UI 中各种构成元素的相关知识，使读者在网页 UI 的布局设计中能够更好地运用不同的页面元素。

学习目标

1. 知识目标
- 了解什么是 UI 和 GUI 设计；
- 了解网页 UI 的构成元素有哪些；
- 了解 Logo 的特点；
- 了解网页图标；
- 了解网页按钮的功能；
- 了解网页导航；
- 了解网页广告的常见类型。

2. 能力目标
- 理解网页 UI 设计原则；
- 理解 Logo 的设计规范和表现形式；
- 理解图标的设计原则和应用；
- 理解网页按钮的设计表现方法；
- 理解网页导航的布局位置和设计原则；
- 理解网页广告的设计表现。

3. 素质目标
- 具备良好的职业道德意识，遵守职业规范，具备高度的责任感和敬业精神；
- 具备继续学习和适应职业变化的能力，以应对不断变化的行业需求和技术革新。

1.1 关于 UI 设计

UI（用户界面）是一个广义的概念，它涵盖了软硬件设计的各个方面，包括 UE（用户体验）、GUI（用户图形界面）以及 ID（交互设计）。UE（用户体验）主要关注的是用户的行为习惯和心理感受，致力于探究如何让用户在使用软件或硬件时能够得心应手。GUI（用户图形界面）则专注于界面设计，主要负责应用的视觉呈现，目前国内大部分的 UI 设计师实际上主要从事的就是 GUI 设计。简而言之，ID（交互设计）是指人和应用之间的互动过程，这一领域的工作一般由交互工程师来负责。

1.1.1　什么是 UI 设计

UI 设计是对应用的人机交互、操作逻辑以及界面美观进行的整体设计。优秀的 UI 设计不仅要让应用独具个性，区别于其他产品，还要确保用户能够便捷、高效、舒适、愉悦地使用。

在人机交互的过程中，界面是一个至关重要的层面。从心理学的角度来看，界面可以分为两个层次：感觉（包括视觉、触觉、听觉）和情感。用户在使用产品时，首先会直观地感受到屏幕上的界面，这是他们在使用产品前获得的第一印象。一个友好且美观的界面能够为用户带来愉悦的感受，增强用户的产品忠诚度，并为产品增添附加值。

然而，很多人错误地认为 UI 设计仅仅涉及视觉层面，这是一个误解。实际上，设计师需要深入定位用户群体、使用环境和使用方法，然后根据这些数据进行科学的设计。图 1-1 所示为出色的产品 UI 设计。

图 1-1　出色的产品 UI 设计

> **提示**
>
> 判断一款界面设计好坏与否，不是领导和项目成员决定的，最有发言权的是用户，而且不是一个用户说了算，是一个特定的群体。所以 UI 设计要时刻与用户研究紧密结合，时刻考虑用户会怎么想，这样才能设计出用户满意的产品。

1.1.2　什么是 GUI 设计

GUI，其英文全称为 Graphical User Interface，中文称之为图形用户界面，它指的是采用图形方式展示的计算机操作用户界面。GUI 设计的广泛应用是计算机发展的重大成就之一，为非专业用户的使用带来了极大的便利。自此，用户无须再死记硬背大量命令，而是可以通过窗口、菜单、鼠标等直观便捷的方式进行操作。

图形用户界面是一种人与计算机之间的通信界面显示格式，它允许用户使用鼠标等输入设备来操作屏幕上的图标或菜单选项，从而选择命令、调用文件、启动程序或执行其他日常任务。与传统的字符界面相比，后者需要通过键盘输入文本或字符命令来完成例行任务，而图形用户界面具有诸多优势。它由窗口、下拉菜单、对话框以及相应的控制机制构成，在各种新式应用程序中都实现了标准化，即相同的操作总是以统一的方式完成。在图形用户界面中，用户所看到和操作的都是图形对象，这背后应用的是计算机图形学的技术。

UI 设计涵盖了可用性分析、GUI 设计以及用户测试等多个方面。其中，GUI 设计作为 UI 的一种具体表达方式，是以可见的图形方式呈现给用户的。图 1-2 所示为网页 GUI 设计。

图 1-2　网页 GUI 设计

1.1.3　了解 UE/UX

近几年来，计算机技术迅猛发展，日新月异，用户体验设计也愈发受到众多设计开发企业的重视。

用户体验（User Experience，UE）是用户在使用产品（服务）过程中建立起来的一种纯主观的心理感受。由于它是纯主观的，所以带有不确定因素。每个个体在使用同一个产品时都会有自己独特的感受，这种差异化也决定了用户体验无法被一一再现。然而，设计师可以根据某个特定的使用群体进行概括性的总结和分析，以更好地理解和满足用户的需求。

用户体验主要来源于用户和人机界面的交互过程，它伴随着计算机的兴起而逐渐受到人们的关注。在早期的产品开发中，用户体验通常不被企业所看重。他们认为用户体验只是产品制造中的一个小环节，而作为用户体验的表现层（GUI）也只是被看作产品的外包装。因此，往往等到产品核心功能设计接近尾声时，才会让 UI 设计师介入。这种做法使得用户体验设计被局限在现有的功能之中，产品无法得到应有的改善。一旦发现了重大的体验问题，产品核心功能可能面临再次修改或被迫推向市场的风险，这无疑会给企业带来巨大的压力和损失。

当前很多公司越来越注重以用户为中心的产品观念。用户体验的概念从开发的最早期就进入，并贯穿始终，其目的主要有以下几点。

- 对用户体验有正确的预估。
- 认识用户的真实期望和目的。
- 在功能核心还能够以低廉成本加以修改的时候对设计进行修正。
- 保证功能核心与人机界面之间的协调工作，减少错误。

图 1-3 所示为网页 UI 设计中所包含的元素。

虽然大多数的网页界面都会包括以上所述的各个模块和元素，但不同类型的网站，不同设计师设计的网页 UI 所展现出的形式是不同的。在符合设计原则和满足用户体验需求的基础上，网页 UI 的表现形式可以是多种多样的。

图 1-3　网页 UI 设计中所包含的元素

1.1.4　移动 UI 设计的崛起

随着智能手机和平板电脑等移动设备的普及，移动设备已成为与用户交互最直接的方式，深深融入人们的日常生活，各种类型的移动端应用也如雨后春笋般层出不穷。移动端用户不仅期望设备的软、硬件功能强大，更加注重操作 UI 界面的直观性和便捷性，渴望获得轻松、愉快的操作体验。

移动端和 PC 端的 UI 设计都至关重要，两者之间存在许多共通之处，因为目标受众并未改变，基本的设计方法和理念保持一致。移动端与 PC 端 UI 设计的主要区别在于硬件设备提供的人机交互方式的不同。同时，不同平台现阶段的技术制约也会对移动端和 PC 端的 UI 设计产生影响。

1.2　网页 UI 构成元素

与传统媒体截然不同的是，网页 UI 设计不仅仅局限于文字和图像的简单组合，更是融入了动画、声音、视频等多元化的新兴媒体元素，这些元素的融合极大地丰富了网页的表现力，使其更加生动且引人入胜。此外，通过复杂的代码语言编程，网页 UI 还实现了多种交互式效果，这些效果不仅提升了用户的参与度和体验，还赋予了网页更强的互动性和功能性。然而，这种丰富性和互动性也带来了设计上的挑战。设计者需要精心策划和布局每一个页面元素，确保它们既能有效地传达信息，又能维持视觉上的和谐与平衡。

1.2.1　文字

文字元素作为信息传达的核心支柱，自网页诞生之初的纯文本时代起，便始终占据着不可替代的重要地位。在网页 UI 设计中，文字不仅仅承载着内容，还以多种形式展现其魅力：标题作为内容的精炼预告，以其醒目性引领读者的视线，应优先布局以吸引读者的注意；信息文本则详细阐述内容，确保信息的完整传达；而文字链接作为导航的桥梁，引导用户穿梭于不同页面之间。

鉴于文字在网页中的关键角色及其广泛的影响力，其设计细节显得尤为重要。字体的选择、字号的大小、色彩的运用以及排列的布局，无一不深刻影响着页面的整体视觉效果和阅读体验。因此，设计师需倾注更多心思于文字元素的精雕细琢上。图 1-4 所示为网页中的文字元素。

该网页 UI 设计以橙色和白色为主色调，营造出活力与专业的氛围。网页中的文字排版处理，标题醒目，正文紧凑有序，信息传达高效。项目符号的运用使得内容条理清晰，易于阅读。整体视觉层次分明，关键信息如导航栏、标题、产品图片等均得到突出显示，增强了页面的吸引力和可读性。

图 1-4　网页中的文字元素

1.2.2　图形符号

图形符号作为视觉信息的精髓载体，以其凝练而富有象征性的形象精准地指代特定事物并传达深层含义。在网页 UI 设计的广阔舞台上，图形符号展现出了丰富多样的表现形式，它们既可以是简洁明了的点元素，勾勒出空间的灵动与节奏；也能化作流畅的线条，引领浏览者的视觉轨迹，构建出动态与和谐的画面；更可成为色彩斑斓的色块，以强烈的视觉冲击力吸引浏览者注意，强化信息的层次感与辨识度。此外，细微至页面中的一个圆角处理，也是图形符号在细节中展现其独特魅力的方式之一，通过柔和的过渡边缘，营造出温馨、舒适的视觉体验。图 1-5 所示为网页中的图形元素。

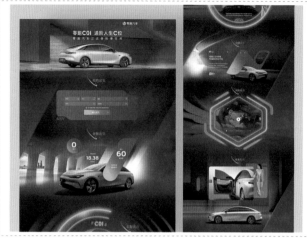

汽车宣传网页 UI 设计，采用深蓝色作为背景色，这种颜色不仅给人以沉稳、专业的感觉，还很好地衬托了白色汽车模型的显眼度，使得整个画面在视觉上形成强烈的对比，增强了吸引力。页面中通过多种形状图形的设计与汽车产品图片相结合，巧妙地引导了用户的视线流动，增加了页面的互动性和趣味性，整体视觉效果的表现非常突出。

图 1-5　网页中的图形元素

1.2.3　图像

图像不仅承载着特定的信息内容与传达目的，更在表现手法、创意工具及艺术技巧上享有高度的自由与灵活性，这一特性赋予了图像表达以无限的可能与想象空间。

作为网页创意的璀璨焦点，图像处理在 UI 设计中扮演着举足轻重的角色。它要求设计师在精准把握传达信息精髓的基础上，深入洞察目标受众的审美偏好与心理需求，从而精心挑选或创作出既贴合主题又引人入胜的图像素材。这一过程不仅是技术与艺术的完美融合，更是对设计师创造力与洞察力的深度考验。图 1-6 所示为网页中的图像元素。

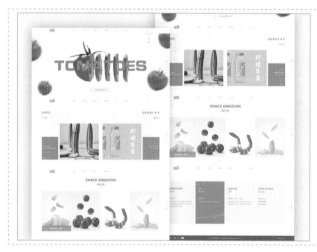

果蔬产品宣传网页 UI 设计，采用了绿色作为主色调，绿色通常与自然、健康、生长等积极意象相关联。在食品类网页中，绿色能够很好地传达出产品的新鲜、有机和健康特性，与页面上的番茄制品形成了很好的呼应。页面中间部分采用了网格布局，将产品分为 4 个展示区域。每个区域都有独立的黄色背景色块，使得产品之间的区分度更高。同时，每个区域都有产品图片和介绍文字，为用户提供了丰富的产品信息。

图 1-6　网页中的图像元素

1.2.4　多媒体

在网页构成中，动画、声音与视频等多媒体元素无疑是最具吸引力的亮点，它们以动态、立体的方式丰富了用户的视觉与听觉体验，为网页增添了无限活力。然而，值得注意的是，尽管这些元素能够显著提升网页的吸引力与互动性，但网页设计的核心依然应当坚守内容为王的原则。

内容的优质与深度是网页存在的根本价值所在。任何技术与应用的引入都应服务于信息的有效传达与深化理解，而非单纯追求视觉上的华丽与震撼。因此，在网页 UI 设计中应当平衡好多媒体元素的运用与内容质量的把控，确保两者相辅相成，共同提升用户的浏览体验与信息获取效率。图 1-7 所示为网页中的多媒体元素。

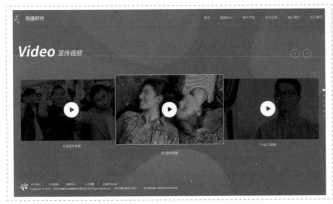

整体设计风格简洁而现代，使用蓝色与紫色的搭配作为网页背景，给人一种神秘、高贵或科幻的感觉，与网页中宣传的内容相呼应。中间部分展示了 3 个视频截图，每个视频截图上的按钮都通过图形化的方式来表示，这种设计既简洁又直观。用户可以通过点击这些按钮播放相应的视频内容，从而更直观地了解相关信息。

图 1-7　网页中的多媒体元素

1.2.5　色彩

在网页 UI 设计中，配色扮演着塑造视觉层次与情感氛围的关键角色。它虽不似文字之直白、图像之具象、多媒体之动态，却能以微妙而深刻的方式触动浏览者的心弦，营造独特的视觉与心理体验。这一过程要求设计师具备扎实的色彩理论基础，并遵循科学的配色原则，通过不懈的试验与细腻的感知，方能精准捕捉色彩的魅力所在。

错误的配色往往成为优秀网页 UI 设计的绊脚石，它可能削弱信息的传达力，甚至引发用户的视觉疲劳与不适感。相反，当色彩运用得恰如其分时，便如同赋予网页以生命，让信息传达更加流畅、自然，同时激发用户的共鸣与兴趣，带来意想不到的视觉盛宴与心理触动。图 1-8 所示为网页中的色彩元素。

该网页 UI 设计以明亮的黄色和绿色为主，营造出活泼、积极的氛围，完美契合户外活动营地的主题。黄色背景与绿色横幅相得益彰，既突出了自然与探索的元素，又赋予页面鲜明的视觉冲击力。黑色和白色的文字与图形形成强烈对比，确保信息清晰可读，增强了视觉引导效果。

图 1-8　网页中的色彩元素

技巧

　　色彩的选择取决于"视觉感受"，例如，与儿童相关的网页可以使用绿色、黄色或蓝色等一些鲜亮的颜色，让人感觉活泼、快乐、有趣、生机勃勃；与爱情交友相关的网页可以使用粉红色、淡紫色和桃红色等，让人感觉柔和、典雅；与手机数码相关的网页可以使用蓝色、紫色、灰色等体现时尚感的颜色，让人感觉时尚、大方、具有时代感。

1.3　网页 UI 设计原则

　　网页作为信息传播的重要载体，同样需要遵循一系列基本的设计原则。然而，鉴于其独特的表现形式、运行方式以及社会功能，网页 UI 设计又展现出自身特有的规律和特点。简而言之，网页 UI 设计是技术与艺术的巧妙融合，也是内容与形式的和谐统一。

1.3.1　以用户为中心

　　以用户为中心的原则实际上就是要求设计者要时刻站在浏览者的角度来考虑。

　　无论何时，无论是在着手准备设计网页 UI 之前、正处于设计过程中，还是已经完成设计工作，都应坚守一个至高无上的行动准则，即"使用者优先"。设计者的任务就是要满足使用者的需求，实现他们的期望。因为，如果没有浏览者的光顾，即便网页 UI 再美观，也将失去其存在的意义。

　　除此之外，还需充分考虑用户的浏览器类型和网络连接状况，应避免在网页中使用可能引发浏览器兼容性问题的技术，确保大多数用户都能正常浏览，同时不应该在网页中放置文件量过大的内容，以免影响网页的加载速度。图 1-9 所示以用户为中心的网页 UI 布局设计。

该网页 UI 设计以鲜明的色彩和清晰的布局成功展示了自行车品牌的多样性和服务优势。页面分为多个色彩鲜明的区域，每个区域都聚焦于不同的自行车款式和服务亮点，让用户一目了然。在视觉设计方面，该网页采用了现代简约风格，色彩搭配和谐统一，图片清晰度高，图标设计精致，整体视觉效果出色，同时字体选择得当，易于阅读，进一步提升了用户体验。

图 1-9　以用户为中心的网页 UI 布局设计

1.3.2　主题明确

网页 UI 设计旨在传达特定的意图和要求，它拥有明确的主题，并遵循视觉心理规律与形式美法则，主动将主题呈现给观赏者。这样，主题就能在适当的环境中被人们及时理解和接受，进而满足他们的需求。因此，网页 UI 设计不仅要求单纯、简练、清晰和精确，而且在追求艺术性的同时，更应注重通过独特的风格和强烈的视觉冲击力鲜明地突出设计主题。图 1-10 所示为主题明确的网页 UI 设计。

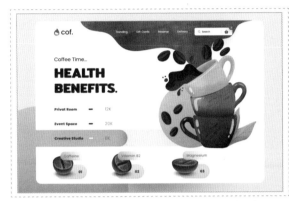

该咖啡品牌网页 UI 以棕色、橙色和白色为主色调，营造出咖啡的温暖与醇厚感。点缀的橙色与黄色不仅增添了活力，还提升了视觉吸引力，使整体色调和谐统一。页面右侧以卡通插画的方式表现咖啡，既增加了趣味性，又清晰地传达了该网页的主题。该网页设计在色彩、布局、视觉元素等方面均表现出色，成功地塑造了咖啡品牌的独特魅力。

图 1-10　主题明确的网页 UI 设计

网页 UI 设计作为艺术设计的一种，其核心目标是实现最佳的主题传达效果。这一效果的实现，既需要对网页的主题思想进行逻辑性的梳理，使之契合浏览者获取信息的心理需求和逻辑习惯，从而确保他们能够迅速理解和吸收信息；又需要对网页的构成元素运用艺术的形式美法则进行有序处理，以营造与设计目的相契合的视觉环境，突出主题，吸引浏览者的注意力，并加深他们对网页内容的理解。唯有将这两个方面有机融合，才能真正实现最佳的主题传达效果。图 1-11 所示为突出主题表现的网页 UI 设计。

该运动品牌网页 UI 运用了三维设计风格，在人们心目当中，人物肯定是要占据空间的，因此网页的背景就自然而然地被拉远了。在该页面中同时将运动人物放置在页面中间位置，并且在垂直方向上占据整个屏的空间，仿佛运动人物是活动的，要冲出页面，给人很强的视觉冲击力。运动人物素材的运用还充分突出了该网站主题的表现，使得网站内容与表现形式得到了有效统一。

图 1-11　突出主题表现的网页 UI 设计

一般来说，可以通过精心把握网页的空间层次、主从关系、视觉秩序以及各元素间的逻辑性来赋予网页 UI 以形式上的强大诱导力，并使其鲜明地突出所诉求的主题，从而实现设计的核心目标。

提示

优秀的网页 UI 设计必然紧密服务于网站的主题。以设计类个人网站与商业网站为例，两者性质迥异，目的不同，因此评价标准也不同。网页 UI 设计与网站主题之间的关系应如此理解：首先，设计的核心是为主题服务；其次，设计是艺术与技术完美结合的产物，这意味着它既要追求"美观"，又要实现"功能"；最终，"美观"与"功能"都是为了更出色地表达主题。当然，在某些特定情境下，"功能"本身就是主题，"美观"也同样可以成为主题。

1.3.3 视觉美观

网页 UI 设计的首要任务是吸引浏览者的注意力。鉴于网页内容的日益多样化，传统的普通网页已不再占据主导地位。如今，交互设计、多媒体内容、三维空间等形式开始大量涌现于网页 UI 设计中，为浏览者带来前所未有的视觉体验，同时也极大地丰富了网页 UI 的视觉效果。图 1-12 所示为视觉效果出色的网页 UI 设计。

该网页 UI 设计以简洁现代的风格有效地展示了手表产品的魅力。页面采用黑、白、灰的经典配色，营造出高端而不失亲和力的视觉效果，黑色背景凸显了手表的精致与质感。在布局上，左侧详尽的产品信息与价格一目了然，右侧则展示了多样化的款式选择，便于用户对比与挑选。在页面中央位置精心布置的主推手表产品，视觉效果非常突出，富有个性。

图 1-12　视觉效果出色的网页 UI 设计

在对网页 UI 进行设计时，首要步骤是对网页界面进行整体的规划，这需要根据网页信息内容的关联性巧妙地将页面分割成不同的视觉区域。随后依据每一部分信息的重要程度灵活地采用不同的视觉表现手段，在此过程中需清晰地分析网页中各部分信息的重要性层级，明确哪些信息最为关键，哪些次之。如此，方能在设计中为每个信息赋予恰当的定位，使整个网页结构条理清晰、层次分明。最终，通过综合应用各种视觉效果表现方法，为用户呈现一个既美观又易于操作的网页 UI。

1.3.4 内容与形式统一

任何设计都蕴含着特定的内容与形式。内容，是指设计所涵盖的主题、形象、题材等核心要素的总和；而形式，则是其结构、风格及设计语言等外在表现方式。一个杰出的设计，必然是形式与内容完美融合的结果。

在网页 UI 设计中，追求形式美是必不可少的，但必须紧密贴合主题的需求，这是设计的前提。若一味追求花哨的表现形式，或过分强调"独特的设计风格"而忽略内容，又或只注重内容而缺乏艺术性的表现，都会使网页 UI 设计显得空洞无物。设计师需将这两者巧妙结合，深入理解主题的精髓，融入个人的思想感情，并找到一种完美的表现形式，方能彰显网页 UI 设计独特的魅力和价值。

另一方面，网页上的每一个元素都应具有其存在的必要性，切勿为了炫耀而堆砌冗余的技术，否则可能适得其反。只有通过精心的设计和充分的考虑，实现全面的功能并展现美感，才能真正达到形式与内容的和谐统一。

网页具有多屏、分页、嵌套等独特特性，这为设计师提供了广阔的创作空间，可以通过形式上的巧妙变化达到丰富多彩的处理效果，进而提升整个网站页面的形式美感。然而，这也要求设计师在关注单个页面形式与内容统一的同时，不能忽视在同一主题下多个分页面所组成的整体网站的形式与内容的和谐统一。因此，在网页 UI 设计中，确保形式与内容的高度统一是至关重要的。图 1-13 所示为内容与形式统一的网页 UI 设计。

该牛奶品牌宣传网页 UI 设计充分体现出内容与表现形式的统一，网站中的每个页面都采用了相同的版式和主色调进行设计，页面中标志、导航和主内容区都出现在各子页面中相同的位置，并且采用了相同的设计方式。界面设计中较高的一致性表现能够有效提升产品的可用性，使用户能够快速掌握该网站的操作。

图 1-13　内容与形式统一的网页 UI 设计

1.3.5　有机的整体

网页是传播信息的载体，它要表达的是一定的内容、主题和观念，在适当的时间和空间环境里为人们所理解和接受，它以满足人们的实用和需求为目标。在设计时强调其整体性，可以使浏览者更快捷、更准确、更全面地认识和掌握它，并给人一种内部联系紧密、外部和谐完整的美感。整体性也是体现一个网站界面独特风格的重要手段之一。

网页 UI 的结构形式是由各种视听要素组成的。在设计网页 UI 时，强调页面各组成部分的共性因素或者使各个部分共同含有某种形式特征，是形成整体的常用方法。这主要从版式、色彩、风格等方面入手。例如，在版式上，对界面中各视觉要素作全盘考虑，以周密的组织和精确的定位来获得页面的秩序感，即使运用"散"的结构，也要经过深思熟虑之后才决定；一个网页通常只使用两到三种标准色，并注意色彩搭配的和谐；对于分屏的长页面，不能设计完第一屏，再去考虑下一屏。同样，整个网站内部的页面都应该统一规划、统一风格，让浏览者体会到设计者完整的设计思想。图 1-14 所示为富有整体感的网页 UI 设计。

技巧

从某种意义上讲，强调网站界面结构形式的整体性必然会牺牲灵活的多变性，因此在强调界面整体性设计的同时必须注意，过于强调整体性可能会使网站界面呆板、沉闷，以至于影响浏览者的兴趣和继续浏览的欲望。"整体"是"多变"基础上的整体。

该网页以红色为主色调，象征活力与激情，搭配白色和蓝色，营造出专业且清晰的视觉效果，增强了页面的整体吸引力。在网页中多处使用三角形对页面背景进行分割，表现出强烈的视觉对比。内容采用多栏布局，顶部设有公司标识和导航栏，便于用户快速定位信息；中部内容区域层次分明，信息展示有序；底部则提供联系信息，方便用户进一步沟通。

该网页设计以现代简约风格为核心，网页以黄色为主色调，搭配白色与灰色，营造出清新明亮的氛围，与展示的家具色彩相得益彰，增强了视觉吸引力。通过色彩对比、字体大小及图片布局，构建出鲜明的视觉层次，引导用户视线流动，快速捕捉关键信息。该网页整体设计风格与家具品牌理念相契合，传递出专业、时尚的品牌形象。

图 1-14　富有整体感的网页 UI 设计

1.4　网站 Logo 设计

网站的 Logo 作为品牌形象的核心组成部分，在网站设计中占据着举足轻重的地位。它不仅是网站身份的直接标识，还承载着网站的文化、理念、价值观等多重信息，是连接网站与访问者之间情感与认知的桥梁。

1.4.1　Logo 的特点

谈及 Logo 设计，不难发现，传统 Logo 设计的精髓在于精准地传达形象与深层信息，其真正魅力往往蕴藏于标志背后的丰富图像叙事之中。正如时尚杂志封面，首先捕获人们眼球的往往是那些令人瞩目的视觉焦点——如优雅女性或璀璨服饰，进而激发读者探索更多内容的兴趣。网站 Logo 设计，虽植根于这一传统土壤，却因网络环境的独特性与人们浏览习惯的差异展现出别具一格的特质。它要求设计既简洁、醒目，又能在方寸之间巧妙融合形象展示、信息传递与美学追求，实现视觉与功能的和谐统一。

Logo 作为跨越时代的传媒符号，始终扮演着传播特定信息的视觉文化使者角色。从古代繁复精细的龙纹图腾，到现代简约抽象的图形符号、精炼字体，无一不彰显着标识艺术的力量——通过识别、区分、激发联想、加深记忆，强化品牌与受众之间的情感纽带，促进信息的有效沟通与交流，进而构建并巩固品牌认同，实现认知度与美誉度的双重飞跃。

对于网站 Logo 设计而言，它不仅需遵循 CIS（企业识别系统）的整体框架，更应在遵循中寻求创新突破。在设计中，尤为强调"统一中的多样性"原则，这并非简单重复某一设计法则，而是要求设计者灵活运用主导性、从属性、平衡、比例、重复、对比、对称、律动、借用、调和、变异等多元化设计原理，精心编织成一幅既统一又富有变化的设计作品。图 1-15 所示为设计出色的网站 Logo。

　　旅行本身就是一件令人快乐的事情，该旅行社标志使用了多种鲜艳的高饱和度色彩搭配设计出凤凰的标志图形效果，与该旅行社的名称相呼应，表现出多彩、欢乐的美好生活。

　　通过几个简洁的几何形状构成 Logo 的主体图形，每个形状代表不同的颜色（蓝色、绿色、黄色、红色），这些色彩的选择与品牌理念、行业属性或目标受众相关联。Logo 图标的简洁性使其在各种尺寸和媒介上都能保持清晰可辨，有助于提高品牌的视觉识别度。

图 1-15　设计出色的网站 Logo

网站 Logo 的核心价值在于其高度的辨别性与独特性，这要求图案与字体的设计必须紧密关联被标识体的本质属性，并呈现出和谐统一的风格特征，以确保 Logo 成为品牌形象的鲜明标识。

　　在设计过程中，网站 Logo 应尤为注重"张力"的巧妙运用，即在深刻理解并融合文化精髓、品牌背景、目标对象、核心理念及多样设计原理的基础上创造出直击人心的视觉效果。这种张力不仅体现在视觉元素的紧凑与扩张之间，更在于情感共鸣与信息传达的深度与广度。

　　因此，深入理解用户心理及 Logo 的实际应用场景成为设计成功的关键。通过精准把握目标受众的偏好与需求，设计师能够创作出既符合品牌调性，又能触动人心、易于辨识的网站 Logo，从而在激烈的市场竞争中脱颖而出，赢得用户的青睐与记忆。图 1-16 所示为知名品牌的网站 Logo 设计。

　　可口可乐的 Logo 经历了多次演变，但始终保持着其标志性的红色背景和独特的字体设计。这个 Logo 不仅与品牌名称紧密相连，还通过其鲜明的色彩和字体风格传达了品牌的活力和亲和力。无论是在全球哪个角落，人们都能一眼认出这个 Logo，并联想到可口可乐品牌的经典形象。

　　耐克的 Logo 是一个简单的对钩图案，没有文字描述，却深入人心。这个 Logo 的设计灵感来源于希腊女神的翅膀，象征着速度与力量。它与耐克品牌所倡导的运动精神和品牌理念紧密相连，成为了全球运动爱好者心中的标志。耐克的 Logo 证明了即使是最简单的图案，也能通过精心的设计和深刻的寓意展现出强大的品牌力量。

图 1-16　知名品牌的网站 Logo 设计

1.4.2 Logo 的设计规范

在当今快节奏的社会中，人们对于视觉元素的偏好日益倾向于简洁、明快、流畅的设计风格，以及能够即刻留下深刻印象的创意表达。这种趋势深刻影响着 Logo 设计的演进方向，促使设计师们不断探索更加独特且高度凝练的设计语言。

在此背景下，一些历史悠久的知名企业更是积极引领潮流，主动推出焕然一新的 Logo 设计。这些新 Logo 不仅是对品牌形象的现代化升级，更是企业紧跟时代审美、深化品牌内涵、拓展市场影响力的有力举措。它们以更加精炼、富有创意的视觉语言重新诠释了品牌的核心理念与价值观，进一步巩固了品牌在激烈市场竞争中的独特地位。图 1-17 所示为出色的网站 Logo 设计。

这是一个美术馆的 Logo 设计，使用传统的书法文字与简化的美术馆建筑图形相结合表现美术馆的名称，横排与竖排文字相结合，表现出强烈的艺术气息，整个 Logo 设计既富有文化底蕴又充满现代感的视觉形象。	该 Logo 设计通过鲜明的色彩对比、简洁有力的图案设计和明确清晰的文字排版成功地传达了该啤酒俱乐部的品牌形象和核心理念。整个设计既具有复古风格的韵味，又不失现代感和趣味性，能够很好地吸引目标受众的注意并留下深刻印象。

图 1-17　出色的网站 Logo 设计

然而，在网络这一追求高效传播与快速认知的平台上，群体对文字表达直接性的需求被显著放大。为了迅速抓住受众注意力并加深记忆，设计者倾向于采用特征鲜明、易于识别的合成文字形式进行展示。同时，借助现代媒体平台的大规模曝光与反复呈现，这些精心设计的文字元素得以不断强化，有效抵御了信息洪流中记忆的模糊化趋势，确保了品牌或信息在受众心中的鲜明印记。图 1-18 所示为文字与图形结合的网站 Logo 设计。

该 Logo 设计通过简洁明快的线条、生动有趣的插画元素以及鲜明和谐的色彩搭配成功地塑造了一个既具有辨识度又富有吸引力的品牌形象。这一设计不仅传达了品牌的主营产品和创立年份等基本信息，还通过视觉上的艺术表现力增强了品牌的记忆点和好感度。	该 Logo 设计通过简洁而富有创意的图形组合和鲜明的颜色对比，成功地传达了品牌的核心理念和情感诉求。心形图案的融入使得设计更加人性化和具有情感色彩，同时也增强了品牌的辨识度和记忆点。整体设计风格现代而动感，符合现代消费者的审美需求和市场趋势。

图 1-18　文字与图形结合的网站 Logo 设计

在网站 Logo 的设计领域，合成文字的设计方式占据了主导地位，这一趋势在 sina、

YAHOO、amazon 等国际品牌以及国内众多 ISP 提供商的 Logo 中得到了鲜明体现。在这一选择背后，首要考量网页环境的特殊性，它要求 Logo 设计在保持高辨识度的同时还需兼顾尺寸的最小化，以适应不同设备的显示需求。

更为关键的是，网络环境的独特性质促使 Logo 设计必须能够在短时间内吸引并留住用户的注意力。通过合成文字，设计师能够创造出既直观又富有特色的视觉符号，这些符号在低成本、高频次的浏览过程中能够持续加深用户对品牌的印象记忆，从而弥补因网络浏览碎片化而导致的记忆模糊问题。图 1-19 所示为使用文字合成设计的网站 Logo。

该 Logo 中的主体文字采用了传统的中国书法风格的字体设计，这是一种具有深厚文化底蕴和艺术价值的书写形式。书法的运用不仅展示了设计师对传统文化的尊重和热爱，也赋予了 Logo 独特的文化韵味和艺术美感。	该 Logo 以文字设计为主，使得品牌名称在视觉上非常突出，易于识别。通过简洁而现代的风格、鲜明的色彩搭配以及富有寓意的图形元素，成功地传达了品牌的核心理念和产品属性。它不仅易于识别和记忆，还能够激发消费者的购买欲望和品牌忠诚度。

图 1-19　使用文字合成设计的网站 Logo

> **提示**
>
> 　网站 Logo 对合成文字设计的追求已逐渐演变成一种行业内的共识与实践规范。它不仅满足了网页设计的技术性要求，更契合了网络时代信息传播的高效性与即时性特点，为品牌在网络空间中的形象塑造与传播提供了强有力的支持。

在设计网站 Logo 时，针对其应用场景制定详尽的规范，对于引领和指导网站整体建设的方向具有至关重要的现实意义。具体而言，这些规范应涵盖 Logo 的标准色彩体系，包括主色调与恰当的背景配色方案，以确保 Logo 在不同环境下的视觉一致性和吸引力。同时，需明确 Logo 在反白处理时的效果标准，以及在不牺牲清晰度前提下的最小显示尺寸，确保 Logo 在各种屏幕尺寸和分辨率下都能清晰可辨。

此外，还需考虑 Logo 在特定使用条件下的配色灵活性，包括辅助色的运用，以应对不同的宣传场景和品牌形象需求。在设计细节上，应注重文字与图案边缘的清晰度，避免模糊与粗糙感，同时确保文字与图案之间不相互交叠，保持整体的和谐与平衡。

1.4.3　Logo 的表现形式

网站 Logo 的表现形式一般可以分为特定图案、特定文字、合成文字。

1. 特定图案

特定图案属于表象符号，具有独特、醒目、图案本身容易被区分和记忆的特点，通过隐喻、联想、概括、抽象等绘画表现方法表现被标识体，对其理念的表达概括而形象，但与被标识体的关联性不够直接。虽然浏览者容易记忆图案本身，但对其与被标识体的关系的认知需要相对曲折的过程，一旦建立联系，印象就会比较深刻。图 1-20 所示为使用特定图案的网站 Logo 设计。

左侧两个 Logo 的设计均使用了特定行业图案。通过使用具有行业代表性的图像作为 Logo 图形的设计，用户看到 Logo 就知道该网站与什么行业有关，搭配简洁的文字，表现效果一目了然。

图 1-20　使用特定图案的网站 Logo 设计

2. 特定文字

特定文字属于表意符号。在沟通与传播活动中，反复使用被标识体的名称或是其产品名用一种文字形态加以统一，含义明确、直接，与被标识体的联系密切，容易被理解、认知，对所表达的理念也具有说明的作用。但是因为文字本身的相似性，很容易使浏览者对标识本身的记忆产生模糊。图 1-21 所示为使用特定文字的网站 Logo 设计。

左侧的两个 Logo 均使用了对特定文字进行艺术处理的方式来表现。使用文字来表现 Logo 是一种最直观的表现方式，通过对主体文字或字母进行变形处理，使其具有很强的艺术表现效果。

图 1-21　使用特定文字的网站 Logo 设计

所以特定文字一般作为特定图案的补充，要求选择的字体与整体风格一致，应该尽可能做全新的区别性创作。完整的 Logo 设计，一般都应考虑至少有中英文及单独的图案、中文与英文的组合形式。图 1-22 所示为使用特定文字与图案组合的网站 Logo 设计。

这两个 Logo 的表现效果更加丰富，将 Logo 文字进行艺术化的变形处理并且与具有代表性的 Logo 图形相结合，使得 Logo 的整体表现效果更加直观与具有艺术感，能够给人留下深刻的印象。

图 1-22　使用特定文字与图案组合的网站 Logo 设计

3. 合成文字

合成文字是一种表象和表意的综合，指文字与图案结合的设计，兼具文字与图案的属性，但都导致相关属性的影响力相对弱化。其综合功能有两种：一是能够直接将被标识体的印象通过文字造型让浏览者理解；二是造型化的文字比较容易使浏览者留下深刻的印象和记忆。图 1-23 所示为使用合成文字的网站 Logo 设计。

提示

Logo 是特色与内涵的集中体现，它用于传递网站的定位和经营理念，同时便于人们识别。在网页中使用 Logo 时需要注意确保 Logo 的保护空间，确保品牌的清晰展示，但也不能过多地占据网页空间。

将文字进行变形处理与图形相结合表现出意象的效果，同时具有文字的可识别性也兼具图形的表现力，非常适合表现 Logo，能够给人留下深刻的印象。

图 1-23　使用合成文字的网站 Logo 设计

1.5　网页图标设计

图标作为网页 UI 中的微型视觉向导，犹如数字世界中的智能路标，以极致的简洁与高效引领用户直达信息彼岸。它们巧妙地以图形化语言替代冗长的文字描述，使用户无须深入阅读，仅凭直觉即可迅速定位所需信息或高效地完成指定任务。这一过程极大地优化了用户的浏览体验，有效地削减了时间与精力的无谓消耗，让每一次点击都更加精准、高效，为用户创造更加流畅、愉悦的网络探索之旅。

1.5.1　了解网页图标

图标作为富含指代意义的标识性图形，其本质是一种精炼的信息载体，具备瞬间传达复杂信息、易于铭记的显著优势。它们的应用领域极为广泛，几乎渗透到社会生活的每一个角落：从国家象征的国旗，到商品身份的注册商标；从军队威严的军旗，到学府荣耀的校徽，无一不彰显着图标的独特魅力与实用价值。在网页 UI 设计中，图标更是以多样化的形态融入其中，成为引导用户、丰富页面元素的得力助手。

从广义与狭义两个维度审视图标，广义上的图标泛指一切承载指代信息的图形符号，它们以高度的信息压缩能力和直观性广泛服务于软硬件界面、网页布局、社交互动乃至公共空间的导向系统中，如交通标志等，无不体现着图标设计的智慧与力量。

一组精心设计的图标，则是多个图像元素的和谐统一，它们以多样化的格式（如尺寸、色彩）灵活呈现，不仅满足了不同场景下的视觉需求，更通过巧妙的透明区域设计确保了图标在不同背景中的完美融合与适应性，进一步提升了其应用的灵活性与美观度。图 1-24 所示为精美的系列网页图标设计。

图 1-24　精美的系列网页图标设计

1.5.2 图标的设计原则

在网站图标的创作过程中，坚守一系列核心设计原则至关重要。这些原则旨在确保图标的实用性与美学价值并重，从而构建出既美观又高效的视觉语言，直接作用于提升用户的浏览体验。通过精心策划图标的形状、色彩、尺寸及交互反馈，设计师能够创造出既符合品牌调性，又能引导用户顺畅操作的界面元素，最终实现网站整体体验的全面升级。

1. 易识别

图标作为承载明确指代功能的视觉符号，其核心使命在于辅助用户迅速辨识并定位网站内的特定内容。因此，确保每个图标的独特性，使之能轻松地从众多图标中脱颖而出，成为设计时的首要考量。即便是遵循同一设计风格，也应注重细节差异，确保每个图标都能保持鲜明的个性，避免混淆。

试想，如果网页中的图标在形状、样式乃至色彩上都相差无几，这无疑将为用户带来极大的辨识困扰，极大地降低浏览效率与体验。因此，在设计图标时不仅要追求风格的统一和谐，更要注重个体间的差异化设计，让每一个图标都易于识别。图 1-25 所示为网页 UI 中易识别的图标设计。

该家具产品电商网页 UI 的布局成功地结合了美观性和功能性，通过合理的色彩搭配、清晰的分类展示和醒目的促销信息，为用户提供了一个舒适、便捷的购物环境。根据家具产品的不同类型和特点设计了一系列特征明显的图标，使用图标与简单的文字说明来表现产品的类别，具有很高的可识别性，使得用户能够更方便地选择不同的家具产品类别。

图 1-25　网页 UI 中易识别的图标设计

2. 风格统一

在网页 UI 设计中，图像元素的应用需紧密契合页面的整体风格基调，营造出和谐统一的视觉效果。设计并实施一套风格连贯、协调一致的图标系统，对于提升用户视觉体验、增强网站页面的整体感与专业度至关重要。图 1-26 所示为网页 UI 中风格统一的图标设计。

该游戏网页 UI 设计以暗色调为背景，搭配绿色和黑色的主色调，营造出一种神秘而又充满战斗氛围的视觉效果。导航栏中的各导航菜单选项搭配游戏风格的图标设计，网站界面的整体风格统一，并且导航菜单的表现效果更加形象。

图 1-26　网页 UI 中风格统一的图标设计

3．与网页协调

孤立存在的图标如同无根之木，难以彰显其真正的价值所在，唯有当它们被巧妙地融入网页 UI 之中，与整体设计风格相得益彰，方能发挥其应有的效用与魅力。在这一过程中，确保图标与网页风格的协调性至关重要，它关乎到用户体验的连贯性、视觉感受的和谐性以及信息传递的有效性。

因此，在设计图标时不仅要关注图标本身的创意与美感，更要深入考量其与网页 UI 整体风格的匹配度，包括色彩搭配、造型风格、布局排版等多个方面。图 1-27 所示为与网页协调的图标设计。

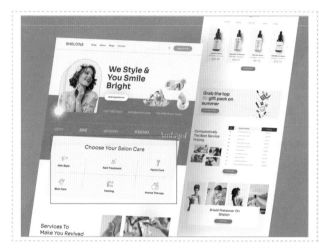

该女性护肤用品网页设计呈现出简洁而现代的风格，通过清晰的线条、明亮的色彩以及直观的布局营造出一种时尚且专业的氛围。在网页主广告的下方，使用相同风格的线框图标设计与说明文字相结合表现不同类型的产品，并且图标的配色和设计风格都与整个页面的配色和风格相统一，表现效果简洁、直观，方便浏览者快速识别和点击。

图 1-27　与网页协调的图标设计

4．富有创意

在网络日新月异的时代背景下，UI 设计领域迎来了前所未有的繁荣，其中网站图标设计更是成为了创意与功能并重的竞技场。这要求设计者在确保图标实用性的同时勇于探索，不断提升图标的创意性。实用性是图标存在的根本，它关乎到用户能否快速识别并理解图标所代表的信息；创意性则是图标脱颖而出的关键，它让图标在众多同类中熠熠生辉，给人留下深刻而美好的第一印象。图 1-28 所示为网页 UI 中富有创意的图标设计。

该网页 UI 设计保持了该品牌一贯的清新、现代和高端的调性，与品牌形象保持一致。在页面中根据不同的产品特点设计了一套富有创意的图标，很好地体现出不同产品的特点，具有很好的识别性，同时也能够更好地吸引浏览者的关注。

图 1-28　网页 UI 中富有创意的图标设计

1.5.3 图标的应用

图标虽小，却能在网页设计中发挥举足轻重的作用。它们以微缩的身形巧妙地融入页面布局之中，非但不会对网页信息的传递构成阻碍，反而能够以其精致的设计为网页增添一抹亮色，提升整体的视觉吸引力。

正是基于图标这一系列独特优势，它们几乎成为了现代网页设计不可或缺的组成部分。在网页界面中，图标如同一位位无形的向导，以其直观、易懂的形态为用户指明方向，引导他们迅速定位所需信息。这种高效的导航机制极大地加速了用户的浏览进程，提高了网站的访问效率，为用户带来更加流畅、便捷的浏览体验。图 1-29 所示为图标在网页 UI 中的应用。

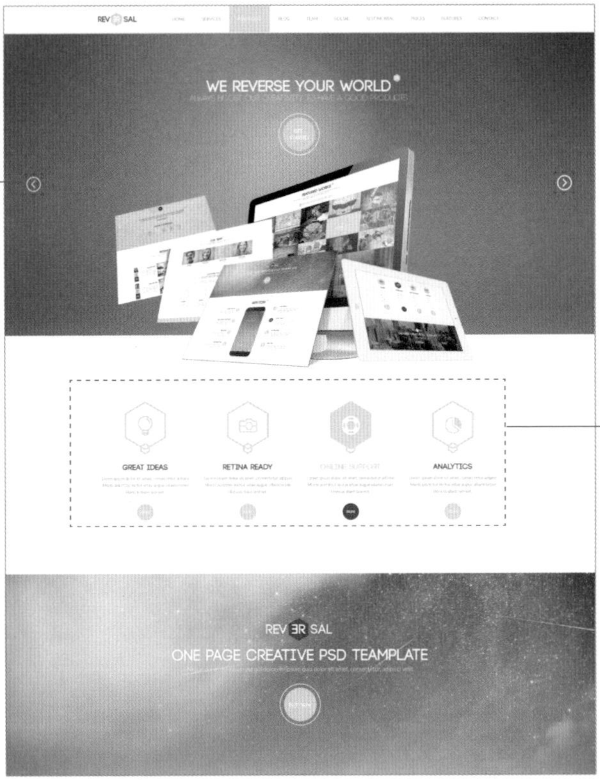
WE REVERSE YOUR WORLD
GREAT IDEAS
RETINA READY
ANALYTICS
ONE PAGE CREATIVE PSD TEAMPLATE
在页面顶部宣传广告的大图左侧和右侧分别放置箭头状图标具有很好的指示意义，引导用户通过点击箭头图标进行宣传广告的切换
在页面中对于一些其他内容的介绍搭配了相同设计风格不同色彩的图标，使得这些内容在页面中的表现非常突出，并且避免了纯文字介绍的枯燥

图 1-29　图标在网页 UI 中的应用

网页图标作为视觉语言的精髓，以其直观形象的方式精准地标识着网页中的各个栏目、功能及操作指令。它们如同一个个精炼的符号，能够在瞬间传达出复杂的信息内涵。以日记本图标为例，其形象生动，一目了然地指向了与日记记录或留言功能相关的区域，无须冗长的文字说明，即可实现信息的快速识别与理解。

这种以图代文的设计手法不仅简化了用户的认知过程，提升了浏览效率，还巧妙地跨越了语言与文化的界限，避免了因不同国家文字差异而可能带来的沟通障碍。在全球化日益加深的今天，网页图标以其独特的魅力成为了连接世界各地用户的通用语言，促进了信息的无障碍流通与共享。

在网页 UI 的精心布局中，图标设计扮演着至关重要的角色，它们根据多样化的需求而定制，展现出不同的功能与风格。其中，导航图标作为最常见的类型之一，其设计旨在清晰地引导用户穿梭于网站的各个版块之间，构建直观、易用的导航体系。这些图标往往以简洁明了的形态精准地传达出每个导航项的核心内容，助力用户高效地定位所需信息。图 1-30 所示为图标在网页导航中的应用。

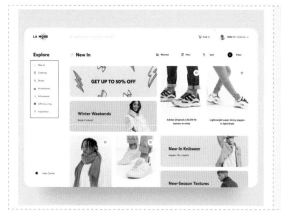

该网页 UI 的设计简洁、直观，使用白色的背景来搭配色彩艳丽的商品图片，商品表现效果非常突出。左侧导航菜单文字搭配了不同色彩的图标设计，使得导航的效果更加突出，也更易于识别。

图 1-30　图标在网页导航中的应用

当页面中的信息过多，想要突出重要信息的表现时，可以使用图标与内容主题相结合，通过精心设计的图标能够直观、生动地传达出主题内容的核心意义，迅速抓住用户的注意力。这种图文并茂的展示方式不仅丰富了页面的视觉效果，还有效地降低了用户的认知负担，使他们在浏览过程中能够更快地识别并关注到重要信息。图 1-31 所示为图标与网页内容信息相结合的应用。

在该网页 UI 的设计中，设计了一系列风格统一的图标，在网页中相应内容的表现，使用图标与简介文字相结合的方式进行排版展示，使用户更容易关注到该部分内容，文字内容更加直观、易读，并且图标的设计风格也与网站整体的设计风格保持一致，更好地突出了该部分内容的表现。

图 1-31　图标与网页内容信息相结合的应用

1.6　网页按钮设计

在提升网站用户体验的过程中，无论是针对 PC 端还是移动端，按钮的设计与应用都扮演着至关重要的角色。精心布局的按钮不仅能够引导用户顺畅地按照设计师的意图浏览网站内容，还能显著提升整体的用户满意度和留存率。通过合理地设计并优化网站中的按钮，可以显著提升用户的操作便捷性和满意度，进而增强用户对网站的黏性和忠诚度。

1.6.1　网页按钮的功能

在网页 UI 设计中，按钮作为不可或缺的交互元素，其美学价值与创意构思占据着举足轻重的地位。设计独具匠心的按钮，不仅能够为访客带来耳目一新的视觉冲击力，还能显著提升网页的整体吸引力和专业度，为网站增色不少。网页中的按钮主要具有两个作用：一是提示性作用，通过提示性的文本或者图形告诉用户点击后会有什么结果；二是动态响应作用，即当浏览者在进行不同的操作时按钮能够呈现出不同的效果。

在当前的网页 UI 设计中，按钮大致可划分为两大类别：一类是功能性的表单提交按钮，它们直接关联着数据的处理与提交，是用户完成表单填写后执行下一步操作的关键所在，因此被赋予了"真正按钮"的称谓；另一类则是外观上与按钮相似，实则作为链接存在的"伪按钮"。这类按钮虽不具备直接的表单提交功能，但通过其便捷性和视觉一致性，同样在引导用户跳转、浏览其他页面等方面发挥着重要作用。

1. 真正的按钮

在网页交互设计中，优化用户操作流程与界面清晰度至关重要。当用户于搜索文本框内输入关键词并轻触"搜索"按钮时，系统即刻响应，呈现相关搜索结果，这一过程流畅且直观。同样地，在登录页面中，用户完成用户名与密码的输入后，仅需轻点"登录"按钮，便能以会员身份顺利访问网站，这一设计极大地简化了用户的操作步骤。

"搜索"与"登录"按钮在此场景中不仅是表单提交的触发器，更是表单功能意图的明确标识。按钮上的文字精炼而直接，无须额外标题赘述，即可清晰传达出所在表单区域的核心目的。这种设计手法不仅保持了页面的简洁性，也显著提升了用户体验，因为用户能够迅速理解并执行所需操作，无须在寻找功能说明上花费额外时间。

通过以上的分析可以得出，真正的按钮是指具有明确的操作目的性，并且能够实现表单提交功能的按钮。图 1-32 所示为搜索表单中真正的按钮的应用。

这是一个民宿网页 UI 设计，在页面顶部宣传图片的下方安排了搜索表单，突出页面中搜索功能的表现，使浏览者能够通过搜索表单快速找到自己所需要的民宿。根据页面的设计风格，通过 CSS 样式对表单提交按钮的样式效果进行了设置，使其看上去更加美观，并符合网页设计风格。

图 1-32　搜索表单中真正按钮的应用

> **提示**
>
> 实现表单提交功能的按钮的表现形式可以大致分为系统标准按钮和使用图片自制的按钮两种类型，系统标准按钮的设计起源是模拟真实的按钮，无论是真实生活中的按钮还是网页上的系统标准按钮都具有很好的用户反馈。

2. 伪按钮

在网页设计中，为了强调特定的重要文字链接，一种创新且有效的方法是将它们转化为与整体网页风格和谐统一的按钮形式，通常称之为"伪按钮"。这种设计策略巧妙地利用了按钮的视觉吸引力，使这些链接在页面中脱颖而出，自然而然地吸引用户的目光，引导用户进行点击。

伪按钮的广泛应用不仅丰富了网页的交互元素，还通过其独特的外观和直观的功能性为用户提供了更加清晰、便捷的导航体验。尽管从实质上看，它们仅作为链接存在，不具备传统按钮的复杂交互功能，但正是这种简约而不失精致的设计，使得伪按钮在网页中占据了举足轻重的地位。图 1-33 所示为网页 UI 中伪按钮的应用。

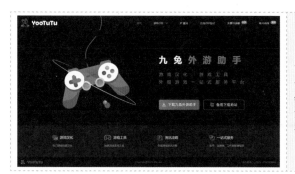

该网站页面的设计风格非常简洁，在页面中使用伪按钮的形式来突出表现重要的功能选项，引起用户的注意，而实色背景的按钮比线框背景的按钮具有更加强烈的视觉比重，这样就能够有效地突出重点信息，并引导用户进行点击操作。

图 1-33　网页 UI 中伪按钮的应用

设计师们精心调配伪按钮的色彩、形状、大小以及文字内容，确保它们既符合网页的整体美学风格，又能准确地传达链接所指向内容的主题或重要性。这样的设计不仅提升了网页的视觉层次感和可读性，还促进了用户与信息之间的有效互动，增强了用户对网页内容的兴趣与参与度。

技巧

如果想要使网页中的某个链接更为突出，也可以将网页中某一两个重要的链接设计成伪按钮的效果，但一定要与真正按钮的表现效果相区别，并且不能在网页中出现过多的伪按钮，否则会给用户带来困扰。

1.6.2　如何设计出色的网页按钮

在设计按钮时，深入洞察用户的交互场景与需求显得尤为关键，需要设想用户将在何种情境下与按钮相遇，是急需寻找信息的搜索页面，还是完成交易流程的支付环节？这些场景不仅决定了按钮的外观设计（如颜色、形状、大小），以吸引用户的注意，更影响了按钮的功能定位与行为反馈设计。

按钮在整个交互与反馈的闭环中扮演着信息传递的核心角色。它们不仅仅是触发动作的开关，更是向用户传达状态变化、操作结果及下一步指示的重要媒介。接下来深入设计细节当中，讲解如何才能够设计出出色的交互按钮。

1. 按钮需要看起来可点击

图 1-34 所示为网页 UI 中的按钮看起来可点击。用户看到网页 UI 中可点击的按钮会有点击的冲动。想要使页面中所设计的按钮看起来可点击，注意下面的技巧：

（1）增加按钮的内边距，使按钮看起来更加容易点击，从而引导用户点击。

（2）为按钮添加微妙的阴影效果，使按钮看起来"浮动"出页面，更接近用户。

（3）为按钮添加鼠标悬浮或点击操作的交互效果，例如色彩的变化等，提示用户。

　　在该游戏网站页面的 UI 设计中，将重要功能链接设计为按钮的形式，将按钮的颜色设置为明亮的黄色，与页面背景的桃红色形成色相的对比，突出按钮的视觉表现效果，同时为按钮添加了阴影效果，按钮在页面中的视觉效果鲜明，功能明确，能够给用户很好的引导。

图 1-34　网页 UI 中按钮看起来可点击

2．按钮的色彩很重要

　　按钮作为用户交互操作的核心，在页面中应该使用特定的色彩进行突出强调，但是按钮色彩的选择需要根据整个网页 UI 的配色来进行搭配。

　　网页中按钮的色彩应该是明亮而迷人的，这也是为什么那么多 UI 设计者喜欢采用明亮的黄色、绿色和蓝色的按钮设计的原因。想要使按钮在页面中具有突出的视觉效果，最好选择与背景色形成色相对比的色彩作为按钮的色彩进行设计。图 1-35 所示为突出而明亮的按钮色彩。

　　该网页使用深灰蓝色的三维动态场景作为页面的整体背景，在页面中间位置放置简洁的白色主题文字和明亮的黄色按钮，黄色的按钮与深灰蓝色的页面背景形成鲜明的视觉对比，在页面中的效果非常突出。该按钮还添加了交互动画效果，当鼠标指针移至该按钮上方时，按钮放大并变为白色的背景与黄色的按钮文字，无论是在视觉效果还是在交互上都给用户很好的体验。

图 1-35　突出而明亮的按钮色彩

> **提示**
>
> 　　按钮的色彩还需要注意品牌的用色，设计师需要为按钮选取一个与页面品牌配色方案相匹配的色彩，它不仅需要有较高的识别度，还需要与品牌有关联性。无论页面的配色方案如何调整，按钮首先要与页面的主色调保持关联与一致。

3．按钮的尺寸

　　只有当按钮的尺寸够大的时候，用户才能在刚进入页面的时候就被它所吸引，这里所说的大不仅仅是尺寸上的"大"，在视觉重量上同样要"大"。图 1-36 所示为大尺寸的网页按钮。

该汽车网页 UI 使用汽车图片作为页面的满版背景，在页面右侧安排相应的选项。按钮位于图片的底部，这是一个符合用户浏览习惯的位置。用户在查看完当前页面的内容后，往往会自然地将目光移动到页面底部，以寻找更多相关信息或导航链接。灰色与蓝色按钮与周围内容形成和谐统一的整体效果。同时，灰色具有一定的视觉沉稳感，能够引导用户注意且不至于过于突兀。

图 1-36 大尺寸的网页按钮

提示

按钮的尺寸大小是一个相对值。有的时候，同样尺寸的按钮在一个页面中是完美的大小，在另一个页面中可能过大了。在很大程度上，按钮的大小取决于周围元素的大小比例。

4．按钮的位置

按钮应该放置在页面的哪些位置？

在绝大多数情况下，应该将按钮放置在一些特定的位置，例如表单的底部、触发行为操作的信息附近、页面或者屏幕的底部、信息的正下方。因为无论是在 PC 端还是移动端的页面中，这些位置都遵循了用户的习惯和自然的交互路径，使得用户的操作更加方便、自然。图 1-37 所示为将按钮放置在网页界面中合适的位置。

该网页 UI 的设计非常简洁、直观，在广告页面的底部中心位置放置操作按钮，确保用户在浏览完广告的主要信息后能立即注意到它。按钮的颜色也与页面的背景颜色形成鲜明的对比，同时与页面上半部分的背景颜色形成呼应，既保证了页面整体色调的统一，也突出了按钮的表现。

网页中的按钮需要与其相关内容靠在一起。在包含表单元素的网页中，实现表单相关功能的按钮需要靠近表单元素，使用户更容易理解，并且高饱和度的色彩能够使其在网页中突出显示。页面中的其他功能按钮则距离表单元素较远，以避免造成用户的误操作。

图 1-37 将按钮放置在网页界面中合适的位置

5．良好的对比效果

在设计的广阔领域中，对比度是一项至关重要的原则，它几乎贯穿于所有类型的创作之中。特别是在按钮设计这一关键环节，巧妙地运用对比度不仅能确保按钮内容的（包括图标与文本）清晰可读，与按钮本身形成和谐而鲜明的对比，还能使按钮与背景及其周围元素产生强烈的视觉分离，从而在页面布局中脱颖而出，成为引导用户注意力的焦点。图 1-38 所示为与页面形成良好对比效果的按钮设计。

按钮采用了橙色作为主色调，橙色是一种明亮且醒目的颜色，能够在蓝色背景的网页中迅速吸引用户的注意力。这种颜色选择有助于将按钮与周围的内容区分开来，提高用户的点击率。按钮设计为圆角矩形，这种形状简洁而现代，与货船现代化的设计元素相呼应。圆角矩形的按钮在视觉上更加饱满，给人一种亲切、易于操作的感觉。

图 1-38　与页面形成良好对比效果的按钮设计

6. 使用标准形状

在页面中，尽量选择使用标准形状的按钮。

矩形按钮（包括方形和圆角矩形）是最常见的按钮形状，也是大家认知中按钮的默认形状，它符合用户的认知习惯。当用户看到它的时候，立刻会明白应该如何与之进行交互。至于是使用圆角矩形还是直角矩形，需要根据页面的整体设计风格来决定。图 1-39 所示为矩形的网页按钮设计。

矩形按钮和圆角矩形按钮在网页中的应用最为常见，在该网站页面中使用科技感的图片作为顶部通栏宣传图片，在宣传图片的上方搭配纯白色宣传主题文字和按钮，使用标准的矩形来表现按钮，同时橙色按钮与蓝色背景图片形成对比，表现效果明确，吸引用户点击按钮。

图 1-39　矩形的网页按钮设计

7. 明确告诉用户按钮的功能

每个按钮都会包含按钮文本，它会告诉用户该按钮的功能。所以，按钮上的文本要尽量简洁、直观，并且要符合整个网页 UI 的设计风格。

当用户点击按钮的时候，按钮所指示的内容和结果应该合理、迅速地呈现在用户眼前，无论是提交表单还是跳转到新的页面，用户通过点击该按钮应该获得他所预期的结果。图 1-40 所示为通过按钮文本明确告诉用户按钮的功能。

8. 赋予按钮更高的视觉优先级

几乎在每个页面中都会包含众多不同的元素，按钮应该是整个页面中独一无二的控件，它在形状、色彩和视觉重量上都应该与页面中的其他元素区分开。试想一下，如果在页面中所设计的按钮比其他控件都要大，色彩在整个页面中也是鲜艳突出的，它绝对是页面中最显眼的那一个元素。图 1-41 所示为按钮赋予更高的视觉优先级。

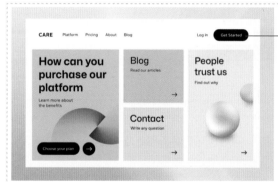

不同功能的按钮使用了不同颜色进行表现，并且对不同功能的按钮进行了分组，使页面的视觉区域更加清晰

在该游戏网页 UI 设计中，为不同功能的链接设计相应的圆角矩形按钮，并且按钮采用了与背景图像形成对比的色彩搭配，使得按钮的表现效果非常清晰、明确。在每个按钮上都明确地标注了该按钮的功能和目的，表达目的明确，不会给用户造成困扰。

图 1-40 通过按钮文本明确告诉用户按钮的功能

黑色的按钮在页面中表现效果非常突出，用户一眼就能够注意到

该网页 UI 使用高明度的浅灰色作为背景色，在界面中搭配高饱和度和色块，突出不同部分内容的表现。在局部为重要文字链接设计黑色的按钮，黑色的明度最低，与浅灰色或其他高饱和度的有彩色背景形成强烈的明度对比和色相对比，视觉表现效果非常突出。

图 1-41 为按钮赋予更高的视觉优先级

1.7 网页导航设计

　　导航作为网站架构的核心基石，不仅是信息层次结构的直观展现，更是引领用户穿梭于内容海洋的指南针。其设计力求用户第一眼就能够被吸引并引导。通过清晰、直观的网页导航设计布局，用户能迅速地概览网站全貌，明确信息的组织逻辑，进而判断个人需求与兴趣点是否得到满足。

　　因此，卓越的导航设计是提升用户体验的关键一环。它要求设计者不仅要考虑美观性，确保导航元素醒目且符合视觉审美，更要注重功能性，确保信息架构的逻辑性与易用性。

1.7.1 了解网页导航

　　导航如同一条无形的桥梁，让用户能够在各个页面间自由跳转，精准地引导他们至心中的目的地。这正是在网站设计中广泛融入多样化导航要素的核心目的。这些要素，包括但不限于菜单按钮、动态图像以及超链接等，共同编织成一张引导网络，旨在提升用户体验的流畅度与深度。

随着网站页面数量的增长及内容的日益丰富、复杂，导航元素的体系化构建与合理布局变得尤为关键。一个条理清晰、布局得当的导航系统不仅能够帮助用户迅速定位所需信息，还能显著提升网站的可用性和吸引力，从而成为网站成功与否的重要衡量标准。图 1-42 所示为网页中的交互式导航设计。

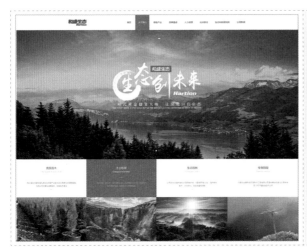

该网页的导航菜单位于网页的顶部，这是用户浏览网页时最为直观和习惯的位置，方便用户快速找到所需信息。导航菜单采用了水平排列的方式，简洁明了，各个导航项之间间隔适中，避免了拥挤感。同时，这种布局也符合现代网页设计的主流趋势。该网页导航视觉美观且可用性强，能够有效地引导用户浏览网站并找到所需信息。

图 1-42　网页中的交互式导航设计

像这样已经普遍被使用的导航方式或样式，能给用户带来很多便利，因此现在许多网站都在使用已经被大家普遍接受的导航样式。

有些网站为了把自己与其他的网站区分开，并让人感觉富有创造力，在导航的构成或设计方面打破了那些传统的已经被普遍使用的方式，独辟蹊径，自由地发挥自己的想象力，追求导航的个性化，如今像这样的网站不少。图 1-43 所示为个性化的网站导航设计。

菱形拼接
网站导航

该商业地产宣传网站使用全景的效果图作为页面的背景，给人强烈的视觉冲击感，页面中的导航菜单则采用了个性化的菱形拼接的方式，并且每个菜单选项都使用了不同的半透明色块进行表现，既不会影响背景效果的表现，也有效地突出各菜单选项。

图 1-43　个性化的网站导航设计

一般而言，导航元素的设计应秉持直观性与明确性的原则，将用户的便捷性置于首位。设计师在构建网站时，应致力于简化页面间的切换流程，加速信息检索速度，并优化操作逻辑，确保每一步操作都自然、流畅，从而为用户带来前所未有的优质体验。

交互式动态导航作为提升用户体验的亮点之一，其魅力远不止于视觉上的鼠标交互效果，更在于能够激发用户的探索欲与参与感，为浏览过程增添一抹新鲜与乐趣。在追求这些额外价值的同时，设计师必须坚守实用性的核心原则，确保交互设计不仅美观动人，更需实用、高效。图 1-44 所示为网页 UI 中的交互式导航设计。

目前，在网站页面中最常见的交互式导航就是下拉菜单导航，当将鼠标指针移至某个主菜单项时，在其下方会显示相应的子菜单项，这种方式也是用户最为熟悉的交互导航。除此之外，移动端响应式导航也属于交互式导航。

图 1-44　网页 UI 中的交互式导航设计

提示

交互式动态导航效果给网页带来了前所未有的改变，交互式动态导航效果的应用使网页风格更加丰富、更具欣赏性。

1.7.2　导航在网页中的布局位置

在规划导航元素在网页界面中的位置时，如何平衡其空间占用与便捷性，成为提升用户体验的关键议题。这不仅是视觉设计的考量，更是对网站品质与用户友好度的深刻洞察。

导航元素的位置不仅是视觉布局的艺术，更是功能性与美观性的和谐统一。它直接影响着网页的整体风貌与访问流畅度，是展现网页格调与品位的重要窗口。设计者须深谙此道，依据网页的整体架构与风格精心策划导航的放置策略。

1. 布局在网页顶部

早期，技术瓶颈限制了网页的加载速度，加之浏览器技术的特性，导致网页内容往往遵循由上至下的顺序逐步呈现。这一技术限制促使了将关键网站信息置于页面顶部的布局策略，以确保用户能优先获取重要内容。

时至今日，随着技术的飞跃发展，下载速度已不再是导航位置布局的主要考量因素。然而，顶部导航结构依然在众多网站中占据主导地位，这背后蕴含着深刻的用户体验与设计智慧。顶部导航以其空间利用率高、符合用户长期形成的视觉浏览习惯而著称，它不仅能够迅速吸引用户的注意力，引导用户高效地浏览网页信息，还成为了网站设计中稳固的立足点与吸引用户的魅力所在。图 1-45 所示为将导航菜单布局在网页顶部。

在该网页的 UI 设计中将导航菜单置于页面的顶部，这是用户浏览网页时最为直观的位置，方便用户快速地找到所需内容。同时导航菜单采用了水平排列的方式，简洁明了，各个导航项之间间隔适中，避免了拥挤感，这种布局也符合现代网页设计的主流趋势。另外，为导航菜单设计了白色矩形背景，突出导航菜单的表现。

图 1-45　将导航菜单布局在网页顶部

在不同的情况下，顶部导航所起到的作用也是不同的。例如，在网页内容较多的情况下，顶部导航可以起到节省页面空间的作用。然而，当页面内容较少时，则不宜使用顶部导航结构，这样只会增加页面的空洞感。因此，设计师在选择运用导航结构时，应根据整个页面的具体情况合理而灵活地运用导航，从而设计出更加符合大众审美标准、具有欣赏性的网站页面。

2. 布局在网页底部

在网页底部放置导航的情况比较少见，因为受到屏幕分辨率的限制，位于页面底部的导航有可能在某些分辨率不高的屏幕中不能完全显示出来，当然也可以采用定位技术将导航菜单浮动显示在屏幕的下方。图 1-46 所示为将导航菜单布局在网页底部。

该网页的内容排版比较独特，使用科技感图片作为页面背景，使用倾斜色块的拼接作为页面内容的背景，使页面表现出很强的现代感。在网站页面的底部使用浅灰色色块来突出导航菜单，并且每个导航菜单选项都设计了风格统一的图标，使得导航菜单选项的识别性更强。

在网站页面底部放置导航菜单，并为每个导航菜单项搭配相应的图标

图 1-46　将导航菜单布局在网页底部

底部导航与其他布局结构相比，其对页面上方内容区域的制约显著减少，为网页主体内容与公司品牌标识的展示提供了更为宽敞的空间。当浏览者深入探索，直至页面尽头时，底部导航自然而然地映入眼帘，成为连接不同页面的桥梁，这一设计巧妙地丰富了页面布局的层次与深度。

3. 布局在网页左侧

在网络技术发展初期，将导航布局在网页左侧是常用的一种导航布局结构，它占用网页的左侧空间，较符合人们的视觉流程，即自左向右的浏览习惯。为了提升导航的吸引力与实用性，设计师在左侧导航的创意实现上可谓匠心独运：通过运用非对称、不规则的图形元素，赋予导航形态以灵动与个性；同时，采用鲜明色块作为背景，与导航文字形成强烈视觉对比，确保信息一目了然，迅速抓住用户的眼球。

需要注意的是，在设计左侧导航时应该考虑整个页面的协调性，采用不同的设计方法可以设计出不同风格的导航效果。图 1-47 所示为将导航菜单布局在网页左侧。

一般来说，左侧导航结构比较符合人们的视觉习惯，而且可以有效地弥补因网页内容少而具有的网页空洞感。

导航是网站与用户沟通最直接、最快速的工具，它具有较强的引导作用，可以有效避免因用户无方向性地浏览网页所带来的诸多不便。因此，在不影响整体布局的同时需要注重表现导航的突出性，即使网页左侧导航所采用的色彩及形态会影响表现右侧的内容也是没有关系的。

左侧网站导航

在该运动鞋电商网站 UI 设计中，在页面顶部设置商品搜索栏，方便用户快速查找自己需要的商品，提升用户体验。在页面的左侧设置垂直导航菜单，每个菜单项都由图标与栏目名称文字组成，当前所在栏目的导航菜单会使用红色渐变色块作为背景，视觉表现效果醒目，导航菜单结构清晰，非常便于识别和操作。

图 1-47　将导航菜单布局在网页左侧

4．布局在网页右侧

随着网站制作技术的日新月异，导航的布局设计正迈向前所未有的多元化时代。尽管将导航元素置于页面右侧作为一种新颖尝试开始崭露头角，但其普及程度仍受限于人们的固有视觉习惯——倾向于从左至右、从上至下的浏览模式。这一习惯使得右侧导航在引导用户迅速沉浸于浏览体验上稍显吃力，与传统布局相比，它可能不那么直观或顺畅，因此在网站设计的实际应用中右侧导航的采用频率相对较低。

相对于其他的导航结构，右侧导航会使用户感觉到不适、不方便。但是，在进行网页 UI 设计时，如果使用右侧导航结构，将会突破固定的布局结构，给浏览者耳目一新的感觉，从而诱导用户想更加全面地了解网页信息以及设计者产生采用这种导航方式的意图。采用右侧导航结构，丰富了网页布局的形式，形成了更加新颖的风格。图 1-48 所示为将导航菜单布局在网页右侧。

该网页 UI 的设计风格独特、新颖，采用了深色背景，与屏幕上的蓝色调信息界面形成了鲜明的对比。这种色彩搭配既体现了科技感，又突出了屏幕上的信息内容。在界面右上角位置，通过竖排的方式放置导航菜单选项，虽然文字较小，但是页面非常简洁，导航菜单的周围留白较多，也使得导航菜单清晰、易识别。

图 1-48　将导航菜单布局在网页右侧

提示

尽管有些人认为这种方式不会影响到用户快速进入浏览状态，但事实上受阅读习惯的影响，图形用户并不考虑使用右侧导航，在网页中也不常出现右侧导航，所以并不推荐使用这种导航形式。

5．布局在网页中心

将导航布局在网页界面的中心位置，其主要是为了强调，而并非节省页面空间。将导航置于用户注意力的集中区，有利于帮助用户更方便地浏览网页内容，而且可以增加页面的新颖感。图 1-49 所示为将导航菜单布局在网页中心。

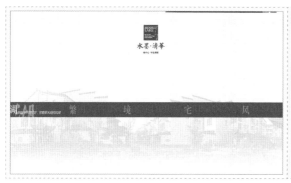

该网页 UI 设计非常简洁，使用若隐若现的黑白图片作为页面的背景，在页面中间放置水平通栏的导航菜单，通过红色背景色块来突出导航菜单，与 Logo 图形的色彩相统一，表现出很强的意境美。

图 1-49　将导航菜单布局在网页中心

在一般情况下，将网页的导航放置于页面的中心在传递信息的实用性上具有一定的缺陷，在页面中采用中心导航往往会给浏览者以简洁、单一的视觉印象。在进行网页视觉设计时，设计者可以巧妙地将信息内容构架、特殊的效果、独特的创意结合起来，产生丰富的页面效果。

提示

以上介绍了 5 种 PC 端网页 UI 导航菜单的布局方式，其中布局在页面顶部和左侧是最为常见的形式，布局在页面底部、右侧和中间位置仅适用于一些网站内容较少的页面。

6. 响应式导航

移动设备的屏幕空间紧凑，促使移动端 UI 设计普遍采用交互式的响应式导航菜单，以优化用户体验。近年来，这一设计理念逐步渗透到 PC 端网页设计中，旨在增强界面的互动性与沉浸感。在 PC 端网页中，响应式导航菜单同样采取默认隐藏的策略，以最大化屏幕空间来呈现网页的核心内容。当用户需要导航辅助时，仅需轻触或点击预设的图标，即可触发导航菜单滑出，无论是侧边滑出式还是顶部下拉式，都旨在不干扰用户当前浏览流程的前提下提供便捷的导航入口。图 1-50 所示为网页中的响应式导航菜单设计。

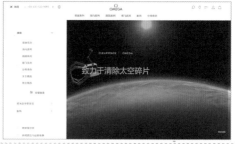

该网页 UI 的设计非常简洁，页面背景以视频动画的形式展现，几乎没有什么多余的文字。在页面顶部中间位置放置页面的主导航菜单，清晰易读。除此之外，在页面左上角还设计了响应式导航菜单图标，点击该图标，在页面左侧会弹出白色背景的侧边导航菜单，方便用户快速查找自己所需要的内容。响应式导航菜单也有效地节省了页面空间，使得页面的整体表现效果更加完整、美观。

图 1-50　网页中的响应式导航菜单设计

1.7.3　网页导航设计的基本原则

为了使导航能够快速、方便地帮助用户定位信息，在设计时应该遵循以下原则。

1．减少选项数目

将信息进行合理的分类，尽量减少导航的数目，平衡导航的深度和广度对用户信息查找效率的影响。

2．提供导航标志

加强用户定位，以减少由于导航选项过多而给用户造成的迷失。这可以通过提供参考点（即导航标志）来实现，通常导航标志是界面上的持久信息。图 1-51 所示为通过导航标志确定用户当前所在的页面。

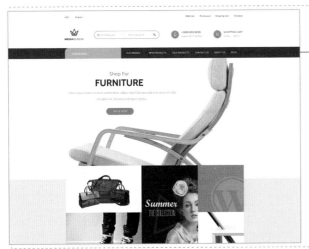

——固定于网页顶部的导航菜单，可以给用户清晰的指引

　　该家居产品网页将导航菜单设置在页面的顶部，无论用户当前位于网站中的哪个页面，都可以在顶部找到导航菜单，给用户清晰的指引。另外，页面使用通栏的深灰色作为背景，很好地突出了导航菜单的表现。当前所访问的页面使用了高饱和度的橙色背景与其他导航菜单相区别，有效地帮助用户定位当前的位置。

图 1-51　通过导航标志确定用户当前所在的页面

> **提示**
>
> 　　在很多网络应用中，多个界面之间会存在视觉联系，例如颜色、图标或者页面顶端的标签栏，这些视觉信息不仅提供了清晰的导航选项，而且能有效地帮助用户定位导航位置。

3．提供总体视图

界面总体视图与导航标志的作用相同，即帮助用户定位，不同的是总体视图帮助用户定位内容，而不是位置。因此总体视图在空间位置上应该是固定的，内容取决于正在导航的信息。基于网络的应用，总体视图通常以文本的形式出现，即人们通常所说的"面包屑"导航和无处不在的层级显示，它们不仅起到标示用户在网络应用中位置的作用，还可以直接操作，实现不同界面之间的跳转。

4．避免复杂的嵌套关系

在程序编写中经常会将代码层级嵌套，但是在导航设计中应该尽量避免这种层次关系。在物理世界中，例如文件柜，信息的存储和检索存在于一个单层分组中，而不会存在于嵌套的层次中。因此在用户的概念模型中倾向于以单层分组来组织信息，避免嵌套结构过于抽象和复杂。在导航设计中避免选项之间过于复杂的层级嵌套是非常必要的。图 1-52 所示为应用简单层级的导航菜单。

图 1-52　应用简单层级的导航菜单

在该网页 UI 的设计中，导航元素布局在页面的顶部，并且以高饱和度的黄色圆角矩形作为背景，有效地突出导航菜单的表现，顶部导航简洁明了，使用与黄色形成对比的紫色突出当前所在的页面，使用户能够非常清晰地辨别当前所在的位置。使用简单层级的导航设计，使用户更容易在各页面之间自由跳转。

> **技巧**
>
> 除了对产品信息架构的合理应用外，导航设计还包含了视觉设计和交互方式设计。在设计时，应该符合交互产品的设计理念和整个界面的设计风格，不同导航类型区别明显，并且与产品主内容区别明显，不同界面上导航的视觉风格和交互方式应该保持一致。

1.8　网页广告设计

广告是大多数网页中不可或缺的元素，如何合理地在网页中设置广告位，使广告得到最优的展示效果，且不影响网页中其他元素的表现，这也是设计师需要考虑的问题。

网页广告的基本要求就是广告的设计需要符合网页的整体风格，避免干扰用户的视线，更要注意避免喧宾夺主。

1.8.1　网页广告的常见类型

网页广告的形式多种多样，还经常会出现一些新的广告形式。就目前来看，网页广告的主要形式有以下几种。

1. 文字广告

文字广告是最早出现，也是最为常见的网页广告形式。网页文字广告的优点是直观、易懂、表达意思清晰；缺点是过于死板，不容易引起人们的注意，没有视觉冲击力。图 1-53 所示为综合门户网站中的文字广告。

在网站中还有一种文字广告形式，就是在搜索引擎中进行搜索时，在搜索结果页中排在前面的几条搜索结果和页面右侧会出现相应的文字链接广告。这种广告是根据浏览者输入的搜索关键词而变化的，这种广告的好处是可以根据浏览者的喜好提供相应的广告信息，这是其他广告形式难以做到的。图 1-54 所示为搜索结果页面中的文字广告。

2. Banner 广告

Banner 广告主要是以 JPG、GIF 或 Flash 格式建立的图像或动画文件，在网页中大多数用来表现广告内容。目前以使用 HTML5、CSS 样式和 JavaScript 相结合所实现的交互性广告最为流行。图 1-55 所示为网页中的 Banner 广告。

图 1-53　综合门户网站中的文字广告

图 1-54　搜索结果页面中的文字广告

　　在该电子产品宣传网站 UI 设计中，在界面顶部导航菜单的下方放置通栏的产品宣传广告，并且该宣传广告使用蓝色与橙色的对比色进行设计，与灰色的页面背景和深灰色的顶部导航菜单形成鲜明的对比，视觉表现效果突出，用户进入该网页就能够被精美的 Banner 广告所吸引，这也是目前大多数网页所采用的宣传广告形式。

图 1-55　网页中的 Banner 广告

3．对联式浮动广告

　　这种形式的网页广告一般应用在门户类网站中，普通的企业网站中很少应用。这种广告的特点是可以跟随浏览者对网页的浏览自动上下浮动，但不会左右移动，因为这种广告一般都是在网站界面的左右成对出现的，所以称之为对联式浮动广告。

4．网页漂浮广告

　　漂浮广告也是随着浏览者对网页的浏览而移动位置，这种广告在网页屏幕上做不规则的漂浮，很多时候会影响浏览者对网页的正常浏览，其优点是可以吸引浏览者的注意。目前，在网页中这种广告形式已经很少使用。

5．弹出广告

　　弹出广告是一种强制性的广告，不论浏览者喜欢或不喜欢看，广告都会自动弹出来。目前大多数商业网站都有这种形式的广告，有些是纯商业广告，有些是发布的一些重要的消息或公告等。这种广告通常会在弹出并持续数秒之后自动消失，从而不影响用户对网站内容的正常阅读。

1.8.2　如何设计出色的网页广告

　　网页广告和传统广告一样，同样有一些制作标准和设计流程。网页广告在设计制作之前，需要根据客户的意图和要求将前期的调查信息加以分析、综合，整理成完整的策划资料，它是网页广告设计制作的基础，是广告具体实施的依据。

1．为广告选择合适的排版方式

选择好广告在网页中的投放区域后，尽量选择投放适合人们阅读习惯的横向广告，这样的广告效果较好。采用较为宽松的横向排版方式，浏览者可以非常方便地在一行内获取更多的广告文字信息，而不用像阅读较窄的广告那样每隔几个词就得跳转一行。图 1-56 所示为网页中的横向广告。

网页中广告的位置与排版需要适合用户的阅读方式，在商业类网站的首页中大多会在顶部导航菜单的下方放置横向的通栏广告，用于宣传网站的商品或者服务，而广告中的排版方式多采用横向的排版方式，运用简洁的广告文字与图像相结合，并且要突出文字的易读性。

图 1-56　网页中的横向广告

2．为广告选择合适的配色

颜色的选择会直接影响到广告的表现效果，合适的广告配色有助于用户关注并点击广告，否则用户可能会直接跳过去。因为浏览者通常只关注网页的主要内容，而忽略其余的一切。图 1-57 所示为合适的网页广告配色。

网页中广告的配色需要与整个页面的设计风格相符。在该自行车产品网页 UI 设计中，在顶部导航菜单的下方放置自行车广告，该自行车广告使用户外山地公路为场景，表现车手在公路上骑行的场景，并且广告的主题文字的配色也与整个网页的点缀色相呼应，使得广告很好地与网页整体形成关联。

图 1-57　合适的网页广告配色

3．融合、补充或对比

融合是指让广告的背景和边框与网页的背景颜色一致。如果网页采用白色背景，建议使用白色或其他浅色的广告背景颜色。一般来说，黑色的广告标题、黑色或灰色的简介字体、白色的背景颜色是一个不错的选择。图 1-58 所示为广告背景与网页背景颜色相融合。

该男士手表产品宣传网页的 UI 设计，使用广告图片作为页面的整体背景，给浏览者很强的代入感，网页布局清晰、合理，自上而下依次为头部、产品展示区和底部导航区。网页以黑白灰为主色调，营造出一种简约而现代的氛围。这种色彩搭配不仅显得高端大气，还能够凸显手表产品的质感。

图 1-58　广告背景与网页背景颜色相融合

补充是指广告可以使用网页中已经采用的配色方案，但这个配色方案与该广告的具体投放位置的背景和边框可以不完全一致。

对比是指广告的色彩与网页的背景形成鲜明的反差，建议在网页比较素净或者页面广告比较多的情况下，为了突出广告的视觉效果时使用这种方式。图 1-59 所示为广告背景与网页背景颜色形成鲜明的对比。

该网页 UI 设计使用纯白色作为背景主色调，在界面中搭配黑色的广告图片，广告图片与白色背景形成强烈的对比，使得广告图片在页面中的视觉表现效果非常突出，加入高饱和度的红色作为点缀，使得信息一目了然。这种搭配既显得高端大气，又能吸引用户的注意力。

图 1-59　广告背景与网页背景颜色形成鲜明的对比

1.9　课后练习

在完成本章内容的学习后，接下来通过课后练习检测一下读者对本章内容的学习效果，同时加深读者对所学知识的理解。

一、选择题

1. 用户图形界面的英文缩写是（　　　）。

    A. UI   B. GUI   C. ID   D. UE

2. 在网页 UI 设计中，（　　　）扮演着塑造视觉层次与情感氛围的关键角色。

    A. 文字   B. 图形   C. 图像   D. 配色

3. 以下关于网页 UI 设计原则的描述，错误的是（　　　）。

    A. 以视觉表现为中心   B. 主题明确

    C. 视觉美观   D. 内容与形式统一

4. 以下关于网页图标设计原则的描述，错误的是（　　　）。

    A. 易识别   B. 风格多变   C. 与网页协调   D. 富有创意

5. 以下关于网页导航设计原则的描述，错误的是（　　　）。

    A. 减少导航选项数目   B. 提供导航标志

    C. 提供主体视图   D. 提供复杂的嵌套关系

二、判断题

1. UI 设计是对应用的人机交互、操作逻辑以及界面美观进行的整体设计。（　　　）

2. 网页 UI 设计作为艺术设计的一种，其核心目标是实现最佳的视觉效果。（　　　）

3. 网站 Logo 的形式一般可以分为特定图案、特定文字、合成文字。（　　　）

4. 网页导航设计力求用户第一眼就能够被吸引并引导。通过清晰、直观的网页导航设计布局，用户能迅速地概览网站全貌，明确信息的组织逻辑，进而判断个人需求与兴趣点是否得到满足。（　　　）

5. 移动设备的屏幕空间紧凑，促使移动端 UI 设计普遍采用交互式的响应式导航菜单，以优化用户体验。（　　　）

三、简答题

网页 UI 的构成元素有哪些？

第 2 章
网页 UI 中的文字排版与图形设计

网页 UI 设计中的文字编排与图形设计是相辅相成的两大要素，它们共同构成了网页的视觉体系，通过艺术化的处理方式实现信息的有效传递与视觉吸引力的提升。因此，在网页 UI 设计中应充分重视文字编排与图形设计的协同作用，以创造出既美观又实用的网页作品。

本章将向读者介绍网页 UI 中的文字排版和图形设计相关知识，包括网页中的文字、网页中的文字排版、图形在网页 UI 中的作用、网页中的图形设计类型和网页中图片的排版布局形式等内容，使读者对网页中文字和图片的设计排版处理有更深入的理解。

学习目标

1. 知识目标
- 了解网页中的常用字体和字符大小；
- 了解网页文字排版的易读性规则；
- 了解图形在网页 UI 中的作用；
- 了解网页中的图形设计类型。
2. 能力目标
- 理解网页文字的使用技巧；
- 理解网页中文字排版的常用手法；
- 理解网页中图片的排版布局形式。
3. 素质目标
- 具备职业生涯规划能力，明确个人职业目标和发展方向；
- 培养审美情趣和创造力，提升个人综合素质和修养。

2.1 网页中的文字

网页中文字的处理是一项综合性的工作，它要求网页制作人员在字体选择、大小设定、行距调整以及属性应用等方面都做出精心的考虑。只有这样，才能为浏览者提供一个方便、顺畅且愉悦的阅读环境，使他们能够轻松、愉快地接受并理解网页所要传达的主题内容。

2.1.1 关于字体

字体分为衬线字体（serif）和非衬线字体（sans serif），如图 2-1 所示。

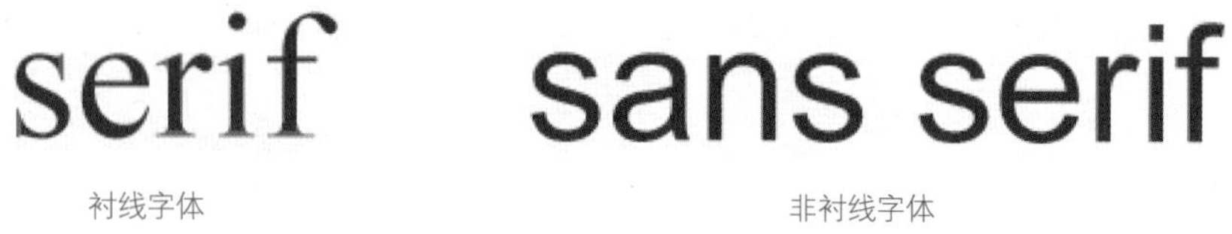
serif
sans serif
衬线字体
非衬线字体

图 2-1　衬线字体与非衬线字体

简单地说，衬线字体就是带有衬线的字体，笔画粗细不同并带有额外的装饰，开始和结尾有明显的笔触。常用的英文衬线字体有 Times New Roman 和 Georgia，中文字体则是用户在 Windows 操作系统中最常见的宋体。

非衬线字体与衬线字体相反，无衬线装饰，笔画粗细无明显差异。常用的英文非衬线字体有 Arial、Helvetica、Verdanad，中文字体则有 Windows 操作系统中的“微软雅黑”。

提示

有笔触装饰的衬线字体，可以提高文字的辨识度和阅读效率，更适合作为阅读的字体，多用于报纸、书籍等印刷品的正文。非衬线字体的视觉效果饱满、醒目，常用作标题或者较短的段落。

2.1.2　网页中常用的中文字体

在不同平台的界面设计中规范的字体会有不同，网页正文内容部分所使用的中文字体一般都是宋体 14px 或 16px，大号字体使用微软雅黑或黑体，大号字体是 18px、20px、26px、30px，一般使用双数字号，单数字号的字体在显示的时候会有毛边。

（1）微软雅黑 / 方正正中黑——字体表现：平稳，如图 2-2 所示。

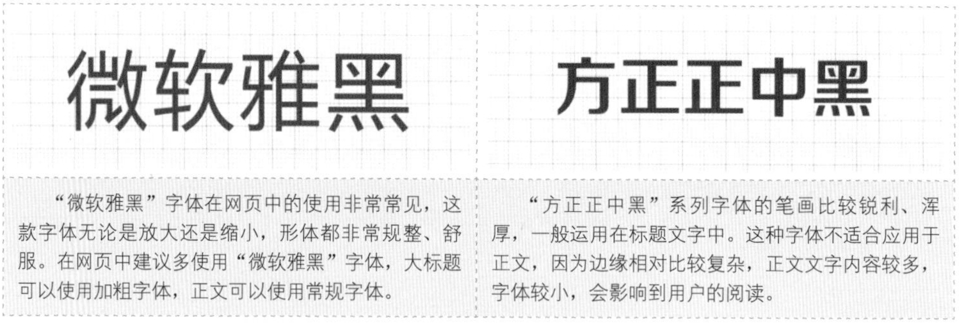
微软雅黑
方正正中黑
“微软雅黑”字体在网页中的使用非常常见，这款字体无论是放大还是缩小，形体都非常规整、舒服。在网页中建议多使用“微软雅黑”字体，大标题可以使用加粗字体，正文可以使用常规字体。
“方正正中黑”系列字体的笔画比较锐利、浑厚，一般运用在标题文字中。这种字体不适合应用于正文，因为边缘相对比较复杂，正文文字内容较多，字体较小，会影响到用户的阅读。

图 2-2　微软雅黑与方正正中黑字体

（2）方正兰亭系列——字体表现：与时俱进，如图 2-3 所示。

（3）汉仪菱心简 / 造字工房力黑 / 造字工房劲黑——字体表现：刚劲有力，如图 2-4 所示。

提示

以上所介绍的网页中常用的中文字体，仅有宋体、黑体、微软雅黑这 3 种是 Windows 操作系统中默认的中文字体，也是网页标题和正文内容常用的字体。其他几款中文字体可以应用在网页广告中，不适合应用于文章标题和正文内容。

方正兰亭粗黑
方正兰亭中黑
方正兰亭黑体
方正兰亭纤黑
方正兰亭超细

汉仪菱心简
造字工房力黑
造字工房劲黑

　　"方正兰亭"系列字体包括粗黑、中黑、纤黑、超细黑等。因笔画清晰、简洁，该系列字体足以满足排版设计的需要。通过对该系列的不同字体进行组合，不仅能够保证字体的统一感，还能很好地区分出文本的层次。

　　这几种字体有着共同的特点，字体非常有力、厚实，适合用于网页中的广告和专题。在使用这类字体的时候可以使用字体倾斜样式，让文字显得更有活力。在这 3 种字体中，"汉仪菱心简"和"造字工房力黑"在笔画、拐角的地方采用了圆和圆角，而且笔画比较疏松，表现出一些时尚的气氛。"造字工房劲黑"字体相对来说更为厚重和方正，这类字体多使用在大图中，效果也比较突出。

图 2-3　方正兰亭系列字体　　　　　图 2-4　汉仪菱心简、造字工房力黑、造字工房劲黑

　　网页中字体的选择是一种感性的、直观的行为。网页设计师可以通过字体来表达设计所要表达的情感，但是需要注意选择什么样的字体要以整个网站页面和浏览者的感受为基准，另外还需考虑到大多数浏览者的计算机中有可能只有默认的字体，因此正文内容最好采用基本字体。图 2-5 所示为网页中中文字体的应用。

　　俱乐部宣传网页 UI 设计，使用俱乐部的实景照片作为页面的满版背景，给浏览者以直观的印象。在照片的左下角位置添加对俱乐部的介绍文字，标题文字采用了大号加粗的非衬线字体，介绍文字内容采用了较小号的衬线字体，通过字体的大小对比，文字内容层次分明，清晰、易读。

图 2-5　网页中中文字体的应用

2.1.3　字符大小

　　在互联网上大家会注意这样一个现象：国外网站大部分以非衬线字体为主，而中文网站基本上是宋体。其实不难理解，衬线字体的笔画有粗细之分，在字号很小的情况下细笔画会被弱化，受限于计算机屏幕的分辨率，10px ～ 12px 的衬线字体在显示器上是相当难辨认的，同字号的非衬线字体的笔画简洁而饱满，更适于做网页字体。

　　如今随着显示器越来越大，分辨率越来越高，大家经常会觉得网页中 12px 大小的文字看起来有点吃力，设计师也会不自觉地开始大量使用 14px 大小的字体，而且越来越多的网站开始使用 16px 甚至 18px 以上字号的文字做正文。

虽然在网页上字号不像字体那样受到多种客观因素制约，看起来似乎设计师可以自由选择字号，但这并不意味着设计师可以"任性"了，出于视觉效果和网站用户体验考虑，仍然有一些基本的设计原则或规范是需要注意的。

在一个网站中，文字的大小是用户体验的一个重要部分。随着网页设计潮流的不断变化，文字大小上的设计也在不断改变。如果网站上的文字无法阅读或者用户根本没有兴趣，这个设计就是失败的。文字也并不是仅仅放在网页上就可以了，还需要合理的布局和样式搭配才能起作用。

这里通过观察和实战总结了几条网页中字号应用的规范，可以使网页设计更加专业。

（1）字号尽量选择 14px、16px、18px 等偶数字号，文字最小不能小于 12px。

（2）顶部导航文字为 12px 或 14px；主导航菜单文字为 16px～20px；工具栏文字为 14px 或 16px；一级菜单使用 18px、二级菜单使用 16px，或一级菜单使用 16px 加粗、二级菜单使用 14px；版底文字为 14px 或 16px。图 2-6 所示为网页中文字大小的设置。

这是"京东"官方网站的首页，页面中字体大小的设置符合规范的要求。顶部导航文字为 16px，主导航菜单文字为 20px，分类导航菜单文字为 20px，分类导航菜单的二级子菜单文字为 16px。通过文字字号传达出清晰的网站结构，这种视觉差异让用户可以非常快速地找到想要的商品，而不是花费太多的时间用在研究导航上，能有效地提升网站的用户体验。

图 2-6　网页中文字大小的设置

（3）正文字体大小：大标题文字为 24px～32px；标题文字为 16px 或 18px；正文内容文字为 12px 或 14px，可以根据实际情况对字体加粗。图 2-7 所示为网页中正文文字大小的设置。

（4）按钮文字：例如登录、注册按钮或者其他按钮中的文字通常为 16px～20px，可以根据实际情况调整字体大小或加粗。图 2-8 所示为网页中按钮文字大小的设置。

（5）同一层级的字号搭配应该保持一致。例如，同一层级的版块中标题文字和内容文字的大小的一致性。

此外，随着网页设计开始流行大号文字设计风格，一些品牌网站、科技网站、活动网站以及一些网站产品展示栏目的文字的字号给人非常棒的视觉体验，如图 2-9 所示。

这是某网站页面中正文内容字体大小的设置，特别是版块栏目中字号的搭配，版块标题文字为 34px 加粗、内容标题文字为 22px 加粗、正文内容文字为 16px，文字内容的层次分明又有效突出重点，让人看上去非常舒服。

图 2-7　网页中正文文字大小的设置

汽车宣传网页 UI 设计，该设计非常简洁，页面中心为汽车产品动画展示，在底部设置了两个功能按钮，按钮中文字的大小为 18px，虽然没有商品名称的标题文字大，但文字是以按钮的形式表现的，并且页面的设计非常简洁，其在页面中的表现效果依然比较突出。

图 2-8　网页中按钮文字大小的设置

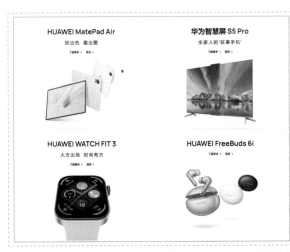

在华为官方网站中，产品展示文字以 48px、30px 和 18px 搭配，并且对标题文字进行了加粗处理，文字内容简短有力，层次感和可读性强，同时非常具有视觉冲击力，突出显示了华为的品牌特征。

图 2-9　大号文字在网页中的应用

（6）在广告语及特殊情况中，需要根据实际的设计效果来选择文字字号。图 2-10 所示为网页广告中的文字大小效果。

上面分享的规范只是作者根据长期项目总结的最佳实战经验，在实际网页 UI 设计中，还需要设计师们根据网站特征和具体情况灵活设计。

网页广告图片中的文字可以使用任意的特殊字体进行设计，重点是能够突出表现广告或图片的主题，吸引浏览者的关注。该厨房家电网页 UI 设计，在页面的宣传广告中文字使用了大号的特殊字体进行设计，在用户打开网页的第一时间抓住用户的眼球，快速传递相应的信息。除图片以外的其他正文内容的字体则采用了操作系统默认的字体，清晰、易读。

图 2-10　网页广告中的文字大小效果

2.1.4　网页中文字的使用技巧

在网页中文字设计是一项至关重要的工作。它不仅能够美化页面布局，提升视觉美感；还能够有效传达主题信息，确保信息传递的准确性和高效性；同时，通过多样化的内容呈现方式，还能够丰富页面内容，提升用户体验和网站价值。

如何更好地对网页中的文字进行设计，以达到更好的整体诉求效果，给浏览者新颖的视觉体验？下面是几个使用技巧。

1. 字不过三

在网页 UI 设计中，字体的选择与应用需遵循简约且不失重点的原则。一般而言，网页中的字体样式应严格控制在 3 种以内，最理想的状态是采用一至两种主要字体样式。这样的设计策略不仅保持了页面的整洁与统一，还能有效地避免视觉上杂乱无章的现象。

为了突出网页中的关键信息或提升内容的层次感，建议通过调整字体的大小、粗细或者颜色来实现。这种方法既能在不增加字体种类的情况下增强内容的可读性，又能确保用户的注意力被精准地引导至重要信息上，从而提升整体的用户体验。图 2-11 所示为网页中文字的设计处理。

在网页界面中只使用一两种字体，通过字体大小的对比同样可以表现出精美的构图和页面效果。在左侧的网站页面中只使用了两种字体，内容标题使用了大号的非衬线字体"微软雅黑"，正文内容则使用了衬线字体"宋体"。通过字体的大小、粗细变化表现文字内容的层次感。

图 2-11　网页中文字的设计处理

2. 文字与背景的层次要分明

文字的核心使命在于精准且高效地传达作者的深层意图与丰富信息，因此确保网页中的文字内容达到极致的清晰度与易读性，成为了设计的首要考量。大多数网站之所以偏爱采用纯白色背景搭配黑色或深灰色字体作为正文展示方式，正是基于这一原则，旨在最大化地减少视觉干扰，让用户能够轻松地专注于内容本身。

　　用户体验的基石，无疑在于网页内容的易读性与易用性。当面对非纯色背景（如多彩背景或图片背景）时，设计者的智慧便体现在如何巧妙地运用色彩对比法则上。通过精心挑选与背景色形成鲜明对比的文字颜色，不仅能够有效地区分文字与背景，使两者层次分明，还能显著提升文字的辨识度，确保即使在最复杂的视觉环境中文字内容也能保持清晰、易读，进而提升用户的整体浏览体验与满意度。图 2-12 所示为网页中的文字与背景层次分明。

在深色和高饱和度色彩背景上搭配白色文字

白色背景搭配黑色和深灰色文字

企业宣传网页 UI 设计，在页面顶部的宣传广告中搭配半透明的高饱和度橙色半圆形色块，在色块上添加白色的宣传文字。页面的其他部分采用白色背景，在白色背景上搭配黑色和深灰色文字，文字与背景的强对比配色使得页面内容更加清晰、易读，也使得各内容区域之间存在差异性，更易于识别。

图 2-12　网页中的文字与背景层次分明

3. 字体要与整体氛围相匹配

　　在网页 UI 设计中，精心选择字体以契合页面的整体氛围与情感基调，是提升视觉效果与用户体验的关键步骤。这一原则尤其适用于网页中的广告图片设计，而非仅限于正文内容的排版。广告图片作为吸引用户的注意力、传达品牌信息或促销信息的重要元素，其字体的选择应当与图片主题、色彩搭配及整体视觉风格紧密相连，共同营造出和谐统一的视觉效果。图 2-13 所示为网页广告图片中的字体设计。

度假酒店网页 UI 设计，页面设计非常简洁，以度假酒店的俯视实拍照片作为页面满版的背景，在页面中间使用飘逸的传统书法字体表现网页主题，与背景的中式园林风景相呼应，体现出传统文化之美。使用白色字体，与背景中的绿色植物形成鲜明的对比，又不失和谐，主题突出。

图 2-13　网页广告图片中的字体设计

2.2　网页中文字的排版

　　出色的网页文字排版不仅赋予文本卓越的阅读流畅性，更在视觉上呈现出一种和谐平衡与连贯流畅的美感。这样的排版设计让文字内容仿佛拥有了自己的呼吸节奏，既在单个字符间保持了恰到好处的空间感，又在整体布局上展现出统一而富有层次感的视觉效果。通过精心调控文字的大小、间距、行距乃至字体，设计师能够引导用户的视线流动，使阅读过程成为一种愉悦的视觉享受。

2.2.1 文字排版的易读性规则

在文字排版的易读性规则中将深入探索文字排版的精髓，特别是行距与间距的精妙设置，以及行宽与行高的科学配比。这些关键因素不仅关乎文字呈现的美观度，更是直接影响浏览者阅读节奏与体验的重要环节。

1. 行宽

可以想象一下：如果一行文字过长，视线移动距离长，很难让人注意到段落起点和终点，阅读比较困难；如果一行文字过短，眼睛要不停地来回扫视，会破坏阅读节奏。

因此可以让内容区的每一行承载合适的字数来提高易读性。在传统图书排版中每行的最佳字符数是 55 ~ 75 个，实际在网页中每行的字符数为 75 ~ 85 个比较合适，如果是 14px 大小的中文字体，建议每行的字符数为 35 ~ 45 个。图 2-14 所示为网页中合理的文字行宽设置。

该企业网页 UI 中的文字排版效果具有很好的辨识度和易读性，无论是字号的大小、行距、间距的设置都能够给人带来舒适并且连贯的阅读体验。页面中的文字介绍部分采用了图文结合的方式，左侧为文字内容，右侧为图片，既避免了纯文字内容的单调，同时也避免了文字行宽过宽会造成阅读困难，使得文字内容部分具有良好的可读性。

图 2-14　网页中合理的文字行宽设置

2. 间距

行距作为提升文本易读性的关键要素，其设置恰当与否直接关系到阅读体验的质量。在大多数情况下，将行距设定为接近字体尺寸的值，是正文排版中一个被人们广泛认可的做法。这样的设置既保证了文字间的适当间隔，避免了视觉上的拥挤感，又确保了文字的连贯性和阅读的流畅性。过宽的行距会让文字失去延续性，影响阅读；而行距过窄，容易出现跳行现象。图 2-15 所示为网页中文字行距设置的示意图。

在网页 UI 设计中，文字间距一般根据字体大小选 1 ~ 1.5 倍作为行间距，选 1.5 ~ 2 倍作为段落间距。例如，12px 大小的字体，行间距通常设置为 12px ~ 18px，段落间距通常设置为 18px ~ 24px。

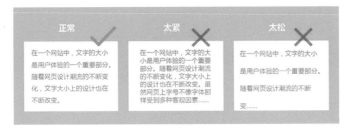

图 2-15　网页中文字行距设置的示意图

另外，行间距 / 段落间距 =0.754，也就是说行间距正好是段落间距的 75%，这种情况在网页文字排版中非常常见。图 2-16 所示为网页中文字排版的行间距设置。

摩托车产品宣传网页 UI 设计，可以看到正文内容主要由主标题、英文标题和正文内容构成，分别使用了不同的字体大小来区分主标题、英文标题和正文内容，并且各部分都设置了相应的行间距，使得文字内容清晰、易读。

图 2-16　网页中文字排版的行间距设置

技巧

在实际的设计过程中，还需要对规范进行灵活应用。例如，如果文字本身的字号比较大，那么行间距就不需要严格按照 1 ～ 1.5 倍的比例进行设置，不过行间距和段落间距的比例还是要尽可能符合 75%，这样的视觉效果能够让浏览者在阅读内容时保持一种节奏感。

提示

行距不仅对可读性具有一定的影响，而且其本身也是具有很强表现力的设计语言，刻意地加宽或缩窄行距，可以加强版式的装饰效果，以体现独特的审美情趣。

3. 行对齐

在文字排版中很重要的一个规范就是把应该对齐的地方对齐，具体而言，实现段落间行首位置的统一对齐，能够显著提升文本的可读性与美观度。为了维护版面的和谐与一致性，推荐大家在网站页面设计中采取单一文本对齐策略，即全篇采用相同的对齐方式。图 2-17 所示为网页中文字排版的对齐设置。

4. 文字留白

在对网页中的文字内容进行排版时，需要在文字版面中合适的位置留出空余空间，留白面积从小到大应该遵循的顺序如图 2-18 所示。

此外，在内容排版区域之前，需要根据页面的实际情况给页面四周留白。图 2-19 所示为网页文字排版中留白的应用。

标题文字与图片居中对齐，介绍文字为左对齐

标题文字与介绍文字采用了水平居中对齐方式

每一项的标题和介绍文字都采用左对齐方式

企业宣传网页 UI 设计，在该页面中包含多个栏目，不同的栏目采用了不同的排版设计方式。其中，"使命"栏目采用图文结合的方式，图片与标题文字居中对齐，介绍文字为左对齐；"愿景"栏目为标题文字和介绍文字水平居中对齐；"价值观"栏目中每一项的标题和介绍文字都采用了左对齐方式。页面中的文字排版非常清晰、直观，给人简洁而整齐的视觉印象。

图 2-17　网页中文字排版的对齐设置

图 2-18　网页中文字留白应该遵循的顺序

在网页 UI 设计中，适当的留白处理能够有效地突出页面主体内容的表现。在该家具产品宣传网页 UI 设计中，使用白色作为页面的背景，内容在页面水平中间的位置排版，页面四周的留白处理能够有效地突出页面中间主体内容的表现。每一款产品的介绍文字内容都搭配了浅棕色的色块背景，突出文字内容的表现，同时在文字四周应用了适当的留白，使得文本内容的表现清晰、有层次，便于浏览者的阅读。

图 2-19　网页文字排版中留白的应用

2.2.2　文字排版设计的常用手法

在设计领域中被广泛应用的四项基本原则包括对比、重复、对齐、亲密性，这四项基本原则在网页设计中对文字内容的排版设计也非常适用。

1．对比

在文字排版设计中可以将对比分为 3 类，主要是标题与正文字体、字号对比，文字颜色对比，以及文字与背景对比。

1）标题与正文字体、字号对比

在网页文本排版中，需要使文章的标题与正文内容形成鲜明的对比，从而给浏览者清晰的指引。在通常情况下，标题的字号都会比正文文字的字号大一些，并且标题会采用粗体的方式呈现，这样可以使网页中文章的层次更加清晰。图 2-20 所示为网页中标题与正文文字的对比。

在该网站的内容页面中，读者能够清晰地分辨内容的标题与正文，标题使用 18px 的粗体微软雅黑字体，正文部分使用的是 14px 的宋体，标题与正文内容的对比清晰，从而使文字内容富有层次，很容易吸引浏览者的眼球，并且浏览者也可以快速选择自己感兴趣的内容开始阅读。

图 2-20　网页中标题与正文文字的对比

2）文字颜色对比

在一些网页中经常会将正文中的一部分文字使用与主要文字不同的颜色进行突出表现，这种对比就是文字颜色对比，能够有效地增加视觉效果，突出展示正文内容中的重点。图 2-21 所示为网页中的文字颜色对比。

在该网页 UI 设计中，可以清晰地看到通过图标与文字相结合的方式介绍服务政策内容，对标题文字中的重点内容使用橙色进行突出表现，同时与图标的色彩相呼应，与其他的白色文字内容形成色彩对比，不仅突出了核心文字内容的表现，同时也使得该部分内容的表现效果更加活跃。

图 2-21　网页中的文字颜色对比

3）文字与背景对比

文字与背景对比是文字排版中非常使用的一种方式，正文内容与背景合适的对比可以提高文字的清晰度，产生强烈的视觉效果。图 2-22 所示为网页中文字与背景对比的示意图。

设计师在使用文字与背景对比的原则时需要注意，必须确保网页中的文字内容清晰、易读，如果文字的字体过小或过于纤细，色彩对比度也不够，则会给用户带来非常糟糕的视觉浏览体验。图 2-23 所示为网页中的文字与背景对比。

图 2-22　网页中文字与背景对比的示意图

企业宣传网页 UI 设计，页面中既有白色的背景，又有深蓝色的背景，在白色背景部分搭配蓝色的标题文字和深灰色的正文，使背景与文字形成对比；在深蓝色背景部分搭配白色文字，同样形成背景与文字的鲜明对比。通过文字与背景的对比将文字内容清晰地衬托出来，既有丰富的层次感，同时又具有很强的视觉冲击力。

图 2-23　网页中的文字与背景对比

2. 重复

在网页 UI 设计中，巧妙地运用元素的重复性是构建统一、专业且连贯视觉体验的关键策略。这不仅限于文字层面，还广泛涵盖字体风格、字号选择、排版样式的统一，更延伸至图案装饰的复用，以及文字与图片间布局模式的一致性。

至于文字与图片的整体布局方式，保持一致性同样至关重要。通过重复采用相似的网格系统、对齐方式或间距处理，可以确保页面间的视觉连贯性，使用户在浏览过程中感受到一种有序和统一的美感。这种布局上的重复不仅提升了页面的美观度，还增强了用户体验的流畅性。图 2-24 所示为网页中文字排版布局的重复性表现。

技巧

重复原则在网页设计中的应用比较广泛，单一的重复可能会显得单调，设计师在网页设计过程中可以根据不同的网站需求进行灵活应用，例如有变化的重复能够增加页面的创新，为网页增添活力。

3. 对齐

在网页 UI 设计中，每一个元素的布局都需经过深思熟虑，确保它们不仅仅是页面上的装饰，而是与核心内容紧密相连、相辅相成的部分。这种策略性的布局对于提升用户体验、增强信息传达效果至关重要。

这是一个律师事务所网站的"新闻资讯"页面，页面中的每条新闻资讯都采用了统一的"图片＋标题＋正文"形式。内容不同，布局方式统一，图片风格一致，一眼看过去，就能清楚地理解这是属于同一块的内容，这样的重复很容易给浏览者一种连贯、平衡的美感。同时还加入了交互效果，当将鼠标指针移至某条新闻上方时，该新闻的背景会变为红色背景搭配白色文字，突出该条新闻的表现，非常直观。

图 2-24　网页中文字排版布局的重复性表现

　　尤为重要的是，元素的对齐处理构成了优秀网页设计不可或缺的基石。通过精心规划的对齐方式，设计师能够营造出视觉上的平衡与和谐，引导用户的视线自然流动，从而更加专注于页面上的关键信息。对齐不仅关乎美观，更是实现设计一致性和专业性的关键手段。图 2-25 所示为网页中文字排版的对齐表现。

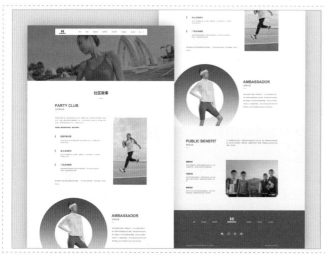

运动品牌宣传网页 UI 设计，页面正文部分采用了图片与文字相结合的方式，并且图片的形状与排版位置富于变化，丰富了页面的排版效果，使页面的表现更加具有活力。页面中的文字内容都采用了左对齐的方式，这也是网页中最常用的文字排版方式，符合绝大多数用户的阅读习惯，标题文字为红色，正文内容为深灰色，形成对比和变化，使得文本内容富有层次，清晰、易读。

珠宝品牌宣传网页 UI 设计，将文本介绍内容进行分块排版，并且采用了居中对齐的方式，使得文本内容的表现优雅、高贵，并且每一块中的文字内容都遵循了标题与正文的对比、文字与背景的对比，使得文字内容的表现效果清晰、易读。居中对齐的文字排版效果可以表现出庄重、典雅、正式的感觉。

图 2-25　网页中文字排版的对齐表现

4．亲密性

亲密性原理在网页 UI 设计中扮演着至关重要的角色，它强调将相互关联的内容元素紧密地组织在一起，从而在视觉上形成自然而然的群组。这种做法不仅促进了页面信息的清晰传达，还极大地增强了整体设计的和谐性与统一性。

在网页设计中，网页设计师应当充分利用亲密性原理，通过合理的布局规划将相关的内容元素紧密相连，形成一个清晰可见的视觉单元。同时，也要注意保持不同群组之间的适当距离，以避免视觉上的混淆和干扰。

如果要在网页中体现出元素的亲密性，可以从适当留白、以视觉重点突出层次感这两个方面入手。图 2-26 所示为网页中文字排版亲密性的应用。

果汁品牌宣传网页 UI 设计，这是有多个元素在一起的组合排版。浏览者首先被广告图片和广告图片中的文字吸引，然后视线向下移动到文字描述内容以及蓝色的链接文字，这些元素的亲密性与对比形成一种平衡，视觉层次清晰，给人一种舒适感。

图 2-26　网页中文字排版亲密性的应用

2.3　图形在网页 UI 中的作用

在网页 UI 设计中，图形扮演着至关重要的角色。它们不仅能够精准地捕捉并浓缩网站页面的整体结构与风格精髓，还能以直观、立体且易于理解的方式跨越语言的界限直接触及观众的心灵与认知。这种超越文字的沟通方式使得信息的传递更为高效、生动且富有感染力。

提示

网页中的图形包括主体图、辅助图、导航图标、广告图像等，主体图用来直接传达网页中的主体内容，包括产品照片、新闻照片；辅助图用来增强网页版面的艺术性，它的主要作用不是传达信息，而是渲染网页视觉的氛围，像背景图等。

1．传达性

在网页设计中，信息传达是最主要的目的。图形元素和文字一样，共同扮演着信息传递的关键角色。为了确保信息的有效传达，图形的形态设计需要紧密契合网页的核心主题与内容，形成和谐、统一的整体。尽管图形在传达信息时面临着面积限制、色彩运用等实际挑战，但它所独具的直观性、表现力的丰富性等优势使其成为构建网站独特信息表达体系不可或缺的组成部分。

在网页 UI 设计中，充分发挥图形的信息传达潜力，精心规划其形态、色彩及布局，使之与整体设计风格和主题内容相契合，是打造高效、吸引人且富有特色的网站页面的关键所在。图 2-27 所示为通过图形设计传达网页信息。

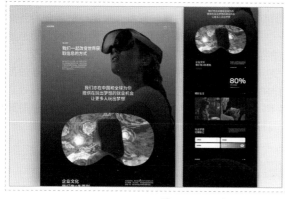

VR 眼镜产品宣传网页 UI 设计，页面以深色调为主，营造了一种稳重、专业的氛围，同时与科技产品经常采用的冷酷、未来感相呼应。页面中图形设计的亮点之一是巧妙地融合了星空图像和 VR 眼镜的视觉效果，既展示了 VR 技术带来的沉浸式体验，又寓意着探索未知、超越现实的愿景。

图 2-27　通过图形设计传达网页信息

2．艺术性

图形是信息传递的重要载体，一个形态优美、设计精巧的图形不仅能够显著提升信息的吸引力，还能在视觉上引发浏览者的深刻共鸣，从而自然而然地促进信息的接收与理解。

图形的艺术性，是色彩、图像等视觉元素通过点、线、面的精妙布局与组合，辅以象征、比喻、夸张等富有创意的表现手法共同构建的。这种综合性的艺术展现方式旨在跨越审美界限，触及并满足广泛受众的审美需求，使图形不仅仅是信息的载体，更成为提升用户体验、增强页面魅力的关键要素。通过精心设计的图形，网页设计能够创造出既符合品牌调性，又富有感染力的视觉体验，进而加深用户对网站内容的印象与好感。图 2-28 所示为网页中图形艺术性的表现。

数码相机产品宣传网页 UI 设计，采用黑白的复古风格设计，通过线条与各种不规则的几何形状图形，使得页面的表现更加时尚且富有动感效果，在产品的局部点缀少量的有彩色，突出表现产品的绚丽与视觉美感。

图 2-28　网页中图形艺术性的表现

3．表现性

在当今这个崇尚设计个性与多元化的时代，图形在网页中的展现方式更应追求独树一帜、别出心裁。设计者需要勇于突破传统束缚，敢于挑战并超越常规的图形表现手法，以此增强网页的视觉冲击力，使整体设计构图达到前所未有的优化水平。

通过独特的图形创意与表现手法，不仅能够凸显网站的个性魅力，还能在众多网页中脱颖而出，给浏览者一种耳目一新、难以忘怀的视觉盛宴。这种差异化的设计策略，不仅满足了用户对于新颖、独特视觉体验的追求，也有效地提升了网站的品牌识别度和用户黏性。

图 2-29 所示为网页中图形的独特表现性。

建筑设计企业网页 UI 设计，打破了页面传统的图形表现方式，而是根据页面的表现形式和主题，采用了三角形的表现形式，这种与众不同的页面图形表现方式更能够给浏览者留下深刻的印象。

图 2-29　网页中图形的独特表现性

4．趣味性

添加富有趣味性的图形是提升网页吸引力和互动性的关键。对于内容相对匮乏的网页，趣味性图形成为填充空白的创意元素，它们以生动活泼的形式展现，不仅丰富了页面的视觉层次，还赋予了网页鲜活的生命力，让每一次点击都充满惊喜。这样的图形设计不仅充实了网页的表现内容，更以其独特的趣味性为媒介，巧妙地将信息传递给浏览者，实现了信息的趣味化传播，增强了信息的记忆点与传播力。图 2-30 所示为网页中富有趣味性的图形设计。

使用不同的颜色来区分产品的不同运用场景，采用了相同的表现形式，形式统一且有所区别，使页面表现和谐

某品牌洗衣机宣传网页 UI 设计，打破了以往使用产品广告图片展示为主的表现方式，采用了一种更为轻松、活跃的表现风格，通过图形与图标相结合的方式展示了该产品的主要功能特点，这种富有趣味性的新颖表现方式使浏览者理解起来更加轻松。

图 2-30　网页中富有趣味性的图形设计

5．超越性

图形，作为一种独特的视觉语言，其信息传递的力量超越了语言与文字的界限，它依赖于直观的视觉感受，构建起跨越地域、文化和种族障碍的沟通桥梁。它不仅能够精准地传达信息，更能触动人心，激发情感共鸣，展现出一种超越言语的魅力。

在当今科技日新月异的时代背景下，图形化界面已成为网页设计的重要趋势。越来越多的网站选择以图形为主导，文字则作为辅助元素或融入图形之中，共同编织出既具有视觉冲击力又富含深意的页面布局。这种图形化界面的设计不仅赋予了网页独特的艺术风格，使其在众多传统门户及政府网站中脱颖而出，更适应了现代用户对视觉体验的高要求，成为众多非传统领域网站的首选。图 2-31 所示为图形化的网页 UI 设计。

在整个页面中，除了必要的导航、Logo 的元素之外，以精心设计的产品宣传广告为表现重点

随着读图时代的来临，很多产品宣传展示类的网页 UI 设计中大多以图形的创意设计处理为主，搭配少量的文字内容，使浏览者能够更轻松地理解网页的主题。例如，该汽车宣传网页就是通过对产品广告图片的处理，使其表现出很强的立体感与动感效果，从而使浏览者进入网页后第一眼就能够被产品所吸引。

图 2-31　图形化的网页 UI 设计

2.4　网页中的图形设计类型

图形设计类型纷繁多样，每一类都蕴含着不同的视觉语言与表现潜力。例如，图形符号以其简洁明了、易于识别的特点，常用于传达特定信息或品牌标识；页面分割则通过巧妙的图形布局，引导视觉流向，优化页面结构，提升用户体验；立体图形则使用透视、光影等手法，创造出层次丰富、空间感强烈的视觉效果，为设计增添一抹现代与动态的韵味。

2.4.1　插图

插图是以造型或图画的形式展现在网站页面设计中的元素，主要用于增强视觉传达效果。一般而言，基于图画或造型表现的漫画、线图、讽刺画等手绘作品均属于插图的范畴。从广义上讲，照片也可以被视为插图的一种，但鉴于两者在外观风格上的显著差异，人们通常将照片与插图划分为两种具有不同视觉效果的类型。

即使是手绘的图画，由于设计师的创意和表现能力不同，其表现手法也会有所差异，从而导致展现出来的风格各不相同。图 2-32 所示为插图在网页 UI 设计中的应用。

该在线学习网页 UI 以白色作为背景颜色，在页面中通过插图设计展示了团队合作的场景，与"爱课堂"的教育主题高度契合，传递出积极向上的学习氛围和团队协作的重要性。同时，插图中鲜明的色彩搭配也吸引了用户的注意力，提高了页面的整体吸引力。

该网页 UI 中的背景采用了传统水墨画风格的插图设计，水墨画以其独特的韵味和意境传达出深厚的文化底蕴和清雅的艺术氛围。同时，淡雅的山水画背景不仅美化了页面，还营造了一种宁静、专注的学习氛围，有助于提升用户的学习体验。

图 2-32　插图在网页 UI 设计中的应用

2.4.2　图形符号

图形符号是一种超越国家地域、种族文化和语言差异的单一视觉语言，它成为人与人之间沟通最为便捷、准确的交流手段。图形符号的特点在于形态简单却蕴含着丰富多彩的意义。然而，尽管图形符号看似简单，但并非每个人都能轻易地理解其深层含义，大多数人仅能从表面上认识其形态效果。图 2-33 所示为图形符号在网页 UI 设计中的应用。

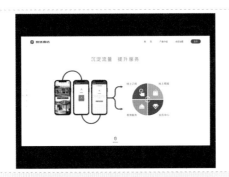

在该酒店管理软件介绍的网页 UI 设计中，通过多个简约的图形符号结合文字的形式表现该软件的主要功能，简洁明了，使浏览者一目了然。

在该科技企业网页 UI 设计中，多处使用纯白色的图形符号与文字相结合来表达内容，图形符号的应用通过直观、简洁的方式传达了关键信息，增强了页面的可读性和吸引力。它们不仅美化了页面设计，还提高了用户的信息获取效率和体验感受。

图 2-33　图形符号在网页 UI 设计中的应用

2.4.3　照片

在网页 UI 设计中，绝大多数照片都经过了后期的精心设计与加工，因为照片的质量直接决定了设计的整体效果。利用照片进行设计是传达设计师想法最高效、最直接的表现手法。鉴于照片的这一重要功能，客户往往非常关注照片的内容和氛围，并常根据自己的需求指出细节上的调整意见。然而，找到完全符合设计需求的照片并不容易。虽然设计师可以自行拍摄所需照片，但要确保拍摄的光线、背景与作品的光线、背景完美融合却是一项艰巨的任务。因此，即使是设计师自己拍摄的照片，也需要经过后期的调整、编辑、修剪和合成等操作。图 2-34 所示为照片在网页 UI 设计中的应用。

用于商业用途的网站或者是需要消费者信赖度比较高的网站，在网页中使用照片时通常会选择清晰度比较高的照片，因为从视觉的角度来看，高清晰度的照片更为明快、整洁，给观者留下的印象较好，容易让人信赖和亲近。

图 2-34　照片在网页 UI 设计中的应用

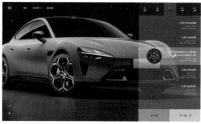

　　该汽车宣传推广网页 UI 设计，在页面中心位置放置高清晰度的汽车产品摄影照片，旨在通过高清视觉呈现，吸引并激发潜在客户的兴趣。汽车照片以蓝色调为主，不仅与该品牌汽车的主打颜色相得益彰，还营造了一种现代、科技与前卫的氛围。

图 2-34　照片在网页 UI 设计中的应用（续）

2.4.4　页面分割

　　页面分割是一种将整体网页界面以水平或垂直方向划分的设计方法，通过运用鲜明的色彩来展现网页的视觉平面感。尽管完全由线和面构成的水平或垂直分割可能会使网站页面看起来略显单调，但它却能够出色地展现网页视觉的层次感，并体现出几何学中的秩序美和比例美。

　　在网页视觉设计中，运用页面分割的方法来呈现页面内容，可以在分割处填充色彩或添加文字信息、照片素材，这是一种既具有深度感又能传达绚丽感的视觉设计手法。页面分割主要侧重于展现色彩的丰富多彩，因此首先映入浏览者眼帘的是其极具特色的外观风格与视觉特效。所以，页面分割技术也被归类为视觉效果的一种。图 2-35 所示为使用图形对页面进行分割。

在该企业网页 UI 设计中，通过垂直分割的方法将页面分割为多个比例相等的矩形，在每个矩形块中填充与分类相关的图片背景，图片背景与说明文字相结合，很好地划分了不同的分类，非常直观。	这是一种很简洁的网页，整个页面以倾斜的线条分割，以灰白色为主色调，再用一些艺术感很强的手绘图作为装饰，给人一种简单、通透的立体感。

图 2-35　使用图形对页面进行分割

技巧

　　页面分割特别注重分割的每一块中所填充的颜色或者照片与网页整体的视觉风格是否统一，以及分割的比例是否均衡。

2.4.5　立体图形

　　立体图形是指借助 3D 图形程序将图形图像素材呈现为具有立体风格的效果。3D 图形领域的核心目标在于展现虚拟与现实的交融，即让浏览者在体验虚拟世界的同时能够感受到一种近乎真实的体验。

在因特网发展的早期阶段，VRML（Virtual Reality Modeling Language，虚拟现实建模语言）的概念便崭露头角，成为全球关注的焦点。然而，由于当时网页加载速度和显示速度的限制，这一技术并未能在网络技术和网页设计中得到广泛应用。

如今，随着 Web 3D 技术的不断演进和个人计算机性能的持续提升，文件容量逐渐减小，3D 图形在网页界面中的应用也如雨后春笋般涌现。现代的渲染功能支持从上下、左右、前后等各个方位查看所制作的立体图形，并且正在逐步实现交互式体验的技术。这项新技术有望全面突破 VRML 的局限性。图 2-36 所示为立体图形在网页 UI 设计中的应用。

这是一个将 3D 展示技术与交互操作结合得非常出色的汽车展示网站，该网站的设计非常简洁，只有品牌 Logo 和产品形象的展示，汽车产品在页面中能够进行 360° 的旋转展示，给浏览者带来一种身临其境的直观感受，并且在旋转到车身相应的位置时会显示闪烁的白点，提示用户点击查看详情。这种采用交互操作的方式提供商品宣传展示，可以有效地增强用户与产品之间的互动，使用户得到一种愉悦感。

图 2-36　立体图形在网页 UI 设计中的应用

2.5　网页中图片的排列布局形式

在网页中运用精美的图片能够显著提升网页 UI 的视觉美感，然而仅有漂亮的图片并不够，关键在于如何在网页中对这些图片进行合理的布局设计，从而为页面内容的呈现奠定坚实的基础。网页中图片的展示形式丰富多样，不同形式的图片展示效果为网页增添了更多层次和变化。

2.5.1　大小统一的矩阵排列布局

在网页 UI 设计中，限制图片的最大宽度或高度，并采用矩阵平铺的方式进行展现，是一种很常见的多张图片展示形式。不同的边距与间距设置会产生不同的风格效果，使得用户在快速浏览网页时能够在短时间内获取更多的信息。同时，当鼠标指针悬浮在图片上时，显示更多的图片信息或功能按钮，这种设计既避免了过多的重复性元素干扰用户的浏览体验，又使得交互形式更加富有趣味性。图 2-37 所示为图片在网页中采用大小统一的矩阵布局形式。

提示

这种图片尺寸统一的矩阵平铺展示方式虽然使页面表现整齐、统一，但是显得略微有些拘谨，用户的浏览体验会显得有一些枯燥。

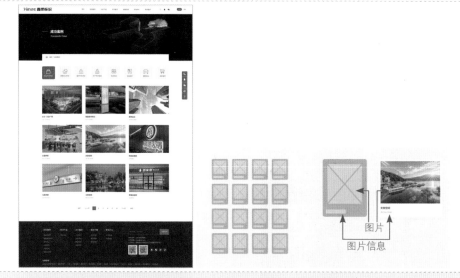

传统矩阵式的图片展示的应用比较广泛，在很多素材、教程、电商等类型的网站中都会使用这种方式进行图片展示，效果直观、清晰、规整。

图 2-37　图片在网页中采用大小统一的矩阵布局形式

2.5.2　大小不一的矩阵排列布局

在图片尺寸统一的矩阵式平铺布局的基础上挣脱图片尺寸一致性的束缚，允许图片以基础面积单元的 1 倍、2 倍、4 倍尺寸进行展现，这种大小不一的图片展现方式打破了重复带来的密集感，但仍然按照基础面积单元进行排列布局，为流动的信息增添了动感，使整个页面更加生动、有趣。图 2-38 所示为图片在网页中采用大小不一的矩阵布局形式。

 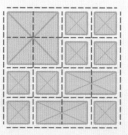

大小不一的矩阵图片展示方式并不是很常见，这种方式通常应用于摄影、图片素材类网站中，结合相关的交互效果能够给用户带来不一样的体验。这种大小不一的图片对于视觉流程会造成一定的干扰，如果页面中的图片较多，需要谨慎使用。

图 2-38　图片在网页中采用大小不一的矩阵布局形式

提示

这种不规则的图片展示方式为网页浏览带来乐趣，但由于视线的不规则流动，这样的展现形式并不利于信息的查找。

2.5.3 瀑布流排列布局

瀑布流展示方式是近年来流行的一种图片展示方式。它采用定宽而不定高的设计，使页面突破了传统的矩阵式图片展示布局。这种布局巧妙地利用视觉层级，视线的任意流动有效地缓解了浏览者的视觉疲劳。浏览者可以在众多图片中快速扫视，轻松选择自己感兴趣的部分。图 2-39 所示为图片在网页中采用瀑布流布局形式。

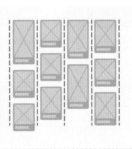

瀑布流的图片展示方式很好地满足了不同尺寸图片的表现，但这样也让用户在浏览时容易错过部分内容。

图 2-39　图片在网页中采用瀑布流布局形式

2.5.4 下一张图片预览

在一些图片类网页 UI 中，当以大图方式预览某张图片时，页面中应提供下一张图片的预览功能，以有效地提升用户体验。在最大化显示网页中的某张图片时，同时展示相册中的其他内容，特别是下一张图片的部分预览，能够更吸引用户继续点击浏览。下一张图片的缩略显示、模糊显示或部分显示等不同的预览呈现方式，都在激发用户的好奇心，引导用户进一步探索。图 2-40 所示为网页中下一张图片预览的表现。

在最大化显示当前图片的同时，以较小的半透明方式显示下一张图片的一部分，从而吸引用户继续浏览下一张。

提供下一张图片预览，吸引用户点击

图 2-40　网页中下一张图片预览的表现

2.6　课后练习

在完成本章内容的学习后，接下来通过课后练习检测一下读者对本章内容的学习效果，同时加深读者对所学知识的理解。

一、选择题

1. 以下关于网页中文字使用技巧的描述，错误的是（　　）。
    A. 字不过三　　　　　　　　　　　　　B. 文字与背景的层次要分明
    C. 字体要与整体氛围相匹配　　　　　　D. 文字与背景的色彩要融合

2. 以下关于文字排版设计手法的描述，错误的是（　　）。
    A. 在文字排版设计中可以将对比分为 3 类，主要是标题与正文字体、字号对比，文字颜色对比，以及文字与背景对比
    B. 在网页 UI 设计中，文字与图片的整体布局方式保持多样性至关重要
    C. 元素的对齐处理构成了优秀网页设计不可或缺的基石
    D. 亲密性原理在网页 UI 设计中扮演着至关重要的角色，它强调将相互关联的内容元素紧密地组织在一起，从而在视觉上形成自然而然的群组

3. 以下不属于网页中图形设计类型的是（　　）。
    A. 插图　　　　　　B. 图形符号　　　　　　C. 照片　　　　　　D. 视频

4. 以下不属于网页中图片排列布局形式的是（　　）。
    A. 大小统一的矩阵排列布局　　　　　　B. 大小不一的矩阵排列布局
    C. 瀑布流排列布局　　　　　　　　　　D. 分割页面

5. 以下关于网页字符大小的描述，错误的是（　　）。
    A. 字号尽量选择 14px、16px、18px 等偶数字号
    B. 文字最小不能小于 12px
    C. 字号尽量选择 13px、15px、17px 等奇数字号
    D. 同一层级的字号搭配应该保持一致

二、判断题

1. 网页中的字体样式应严格控制在 3 种以内，最理想的状态是采用一至两种主要字体样式。（　　）

2. 在网页 UI 设计中，文字间距一般根据字体大小选 2 ～ 2.5 倍作为行间距，选 2.5 ～ 3 倍作为段落间距。（　　）

3. 照片是以造型或图画的形式展现在网站页面设计中的元素，主要用于增强视觉传达效果。（　　）

4. 在网页 UI 设计中，使用照片进行设计是传达设计师想法最高效、最直接的表现手法。（　　）

5. 在网页视觉设计中，运用页面分割的方法来呈现页面内容，可以在分割处填充色彩或添加文字信息、照片素材，这是一种既具有深度感又能传达绚丽感的视觉设计手法。（　　）

三、简答题

简单描述图形在网页 UI 中的作用。

第 3 章
网页 UI 布局基础

在网页 UI 设计中，UI 布局设计与视觉风格的构思占据着举足轻重的地位，它们共同构成了让页面更具吸引力的核心要素。针对不同性质的网站，精心策划的布局结构与独特的视觉风格不仅能够显著提升网页的整体视觉效果，还能在第一时间深刻烙印在访问者的心中，形成强烈的首因效应。这种精心设计的第一印象无形中放大了网页的吸引力与宣传效果，使得信息传递更为高效，品牌或内容的推广力度得到显著增强。

本章将向读者讲解网页 UI 布局的基础知识，包括了解网页 UI 布局、网页 UI 布局的基本方法、网页 UI 布局的要点、根据整体内容位置决定的网页 UI 布局、根据分割方向决定的网页 UI 布局和初始页面的布局类型等相关内容，使读者能够根据所学习的知识选择合适的网页 UI 布局方式。

学习目标

1. 知识目标
- 了解网页 UI 布局的目的；
- 了解根据整体内容位置决定的网页 UI 布局形式；
- 了解根据分割方向决定的网页 UI 布局形式；
- 了解初始页面的布局类型。

2. 能力目标
- 理解网页 UI 布局的顺序；
- 理解网页 UI 布局的构成原则；
- 理解网页 UI 布局的要点。

3. 素质目标
- 具备良好的社会适应能力，能够快速融入新环境和新团队，与他人协作完成任务；
- 具备团队协作意识，能够积极参与团队活动，为团队目标贡献力量。

3.1 了解网页 UI 布局

网页 UI 布局的核心基石在于信息架构，它遵循人们广泛认可的原则与标准，对网页内容进行系统分类、精心整理，并确立清晰的标记体系与导航系统。这一过程旨在实现网页内容的结构化与层次化，为用户打造一个直观、高效的浏览环境。通过信息架构的精心规划，浏览者能够更加便捷、迅速地定位并获取所需信息，极大地提升了用户体验。因此，信息架构无疑是确立网页 UI 布局时不可或缺且至关重要的参考标准，它确保了网页设计的逻辑性与实用性，为网页的成功奠定了基础。

3.1.1　网页 UI 布局的目的

在网页布局结构的构建中，信息架构扮演着超市商品布局的角色。想象一下，超市内的商品按种类与价位精心陈列，这种布局不仅让顾客一目了然，迅速定位心仪商品，还通过整齐划一的排列创造出强烈的视觉吸引力，悄然激发顾客的购买欲望。

同样地，信息架构的原则与目的可归结为两大核心：一是信息的系统化与结构化分类，犹如超市按商品种类与价格分区，使网页内容条理清晰，便于访客迅速捕捉关键信息，提升浏览效率；二是信息的优先级排序，即根据时令热点或网站目标优先展示能够吸引并聚焦访客注意力的内容，从而有效地引导目标用户群体的关注，实现网站运营的最佳效果。图 3-1 所示为信息架构清晰的网页 UI 布局设计。

通过色彩的运用在页面中突出品牌 Logo 和搜索功能

统一的信息内容表现形式

橄榄油产品宣传网页 UI 设计，页面结构层次非常清晰，页面中的主体内容部分采用了一致的表现形式，并没有刻意突出某一部分信息内容，便于用户快速浏览和了解。

鲜果配送网页 UI 设计，页面中的信息内容较多，页面较长，在页面设计中使用不同的背景色块来划分不同的内容区域，使得页面内容的层次结构非常清晰。使用绿色和白色进行搭配，营造出清新、自然、健康的氛围。整个页面充分利用了色彩、空间和信息结构来传达品牌价值和产品信息，同时注重用户体验和互动性的提升。

图 3-1　信息架构清晰的网页 UI 布局设计

技巧

网页 UI 布局最重要的基础原则是重点突出、主次分明、图文并茂。网页 UI 布局必须与企业的营销目标相结合，将目标客户最感兴趣的、最具有销售力的信息放置在最重要的位置。

3.1.2　网页 UI 布局的操作顺序

网页 UI 布局的设计精髓在于既能够规整且准确地传达网页的核心信息，又需要依据信息的重要层级巧妙地引导浏览者首先接触到最关键、最有效的内容。这一过程不仅关乎信息的清晰展示，更在于通过布局的艺术让每一次点击与滑动都成为一次高效、愉悦的信息探索之旅。优化后的布局旨在确保用户在第一时间内捕捉到网页的精髓，从而有效地提升用户体验与信息获取的效率。

网页 UI 布局的具体内容和操作流程如下：

- 整理消费者和浏览者的观点、意见。
- 着手分析浏览者的综合特性，划分浏览者类别并确定目标消费人群。
- 确立网站的创建目的、规划未来的发展方向。
- 整理网站的内容并使其系统化，定义网站的内容结构，其中包括层次结构、超链接结构和数据库结构。
- 搜集内容并进行分类整理，检验网页之间的连接性，也就是导航系统的功能性。
- 确定适合内容类型的有效标记体系。
- 不同的页面放置不同的页面元素、构建不同的内容。

综上所述，信息架构的精髓在于深度理解和响应消费者与浏览者的需求与偏好，它是一个系统性地搜集、精心整理并创新加工内容的过程。此过程的核心在于探索并实践各种能够简洁、直观且高效地向目标受众传达信息的方法。因此，在信息架构的构建中，首要且至关重要的是始终将浏览者与消费者的视角置于中心地位，这要求设计师必须设身处地地站在用户的立场，敏锐洞察并深刻理解他们在常规使用场景下的真实体验与反馈，进而将这些宝贵的洞察融入设计之中，创造出符合用户需求的作品。图 3-2 所示为出色的网页 UI 布局设计。

餐饮美食网页 UI 设计，页面信息层次分明，重要信息（如菜品照片和价格标签）被放置在显眼的位置，次要信息（如文字介绍和底部导航）则作为补充和扩展。这种布局方式有助于用户快速捕捉关键信息，提高浏览效率。通过色彩、图片和文字等多种元素的综合运用，页面成功地引导了用户的视线流动，使用户能够按照设计者的意图浏览页面内容。

高尔夫球场介绍网页 UI 设计，网页整体风格简洁、高端，以绿色和白色为主色调，营造出清新、自然的氛围。页面主体内容部分采用左右布局，左侧的高尔夫球手照片增强了页面的视觉吸引力，同时传递出专业、高端的品牌形象；右侧的打高尔夫场景进一步补充了网页内容，展示了高尔夫运动的魅力，增强了用户对网页主题的认同感。

图 3-2　出色的网页 UI 布局设计

3.2　网页 UI 布局的基本方法

网页 UI 布局是一门艺术，它涉及将页面中的众多构成元素（如文字、图形图像、表格、菜单等）在网页浏览器中进行精妙而高效的编排，确保每个元素都遵循一定的规则与逻辑，形成和谐、统一的视觉呈现。在这一过程中，对页面空间的合理规划与利用至关重要，它要求设计师充分发挥创意与技巧，在有限的空间内创出无限的视觉可能，确保各个部分既各司其职又相互呼应，共同构成一个既美观又实用的页面布局。因此，在进行网页 UI 设计时布局不仅是技术活，更是对美的追求与表达，通过精心布局能够制作出更加吸引人、更加高效的网页界面。

3.2.1　网页 UI 布局的设计

网页 UI 布局绝非元素的随意堆砌，而是一门精心策划的艺术，是展现网站美观与实用性的核心手段。它关乎文字、图形图像等网页元素的精妙布局与协调融合，直接影响浏览者的视觉体验与页面的整体可用性。因此，作为网页设计师，首要任务是构思如何使页面既美观、大方又不失实用性，确保每个细节都能为整体效果加分。

为了实现这一目标，深入研究和借鉴优秀的网页布局案例至关重要。这不仅要求网页设计师细致观察那些成功布局的精髓，还需广泛征求各方意见，集思广益。在有限的空间内，通过创新的布局方式，将丰富多样的内容以最优化的形式呈现，让每一寸空间都发挥最大价值，为浏览者带来愉悦而高效的浏览体验。图 3-3 所示为出色的网页 UI 布局设计。

女装品牌宣传网页 UI 设计，采用了极简的设计风格，页面布局非常简洁，使用纯白色作为页面的背景颜色，使页面给人纯净、高雅的感觉。在页面中几乎没有任何的装饰元素，有效地突出了产品和相关选项的表现，页面内容非常清晰。首页面是宣传广告和简单的文字内容；在产品列表页面中顶部为网站的主导航菜单，正文内容部分采用了左右分割的布局方式，左侧为产品的筛选选项，右侧为商品列表，给浏览者非常清晰的视觉引导。

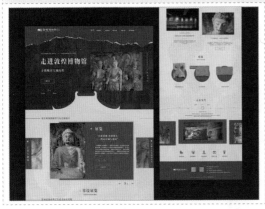

博物馆网页 UI 设计，页面整体风格偏向古典与现代相结合，既体现了敦煌文化的深厚底蕴，又融入了现代网页设计的元素。使用深浅不一的棕色调作为主色调，营造出一种沉稳、庄重的氛围，与博物馆的历史文化主题相契合。页面信息的呈现层次分明，顶部标题引导用户进入主题，中部展示区和展览项目列表提供具体内容，底部导航菜单提供便捷导航。这种布局方式使得用户能够轻松地找到所需信息。

图 3-3　出色的网页 UI 布局设计

3.2.2　网页 UI 布局的构成原则

网页 UI 布局的原则包括协调、一致、流动、均衡、强调等。

（1）协调：将网页 UI 中的每一个构成要素有效地结合或者联系起来，给浏览者一个既美观又实用的网页界面。

（2）一致：网站中多个页面的构成部分要保持统一的风格，使其在视觉上整齐、一致。

（3）流动：网页 UI 布局设计能够让浏览者凭着自己的感觉走，并且页面能够根据浏览者的兴趣跳转。

（4）均衡：将页面中的每个要素有序地进行排列，并且保持页面的稳定性，适当地加强页面的使用性。

（5）强调：在不影响整体设计的情况下，将页面中想要突出展示的内容用色彩间的搭配或者留白的方式最大限度地展现出来。

图 3-4 所示为新颖、独特的网页 UI 布局设计。

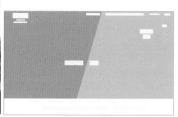

房地产项目宣传网页 UI 设计，应用精美的楼盘宣传效果图作为页面的整体背景，通过倾斜拼接的方式展现了两种不同类型的房地产项目，并添加相应的文字标识，便于浏览者选择了解相应的内容，页面布局新颖、独特。

图 3-4　新颖、独特的网页 UI 布局设计

另外，在进行网页 UI 布局的设计时，需要考虑到网站页面的醒目性、创造性、造型性、可读性和明快性等。

（1）醒目性：吸引浏览者的注意力到该网页上并引导其对该页面中的某部分内容进行查看。

（2）创造性：让网页 UI 更加富有创造力和独特的个性特征。

（3）造型性：使网页在整体外观上保持平衡和稳定。

（4）可读性：网页中的信息内容词语简洁、易懂。

（5）明快性：网页 UI 能够准确、快捷地传达页面中的信息内容。

图 3-5 所示为富有创造性的网页 UI 布局设计。

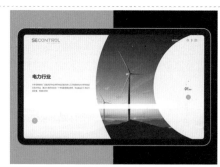

企业宣传网页 UI 设计，该网页的图形和布局设计简洁、现代、主题明确、视觉冲击力强。通过两个风力发电机的图像展示了电力行业的特点和应用场景，并且富有创造性地使用圆弧状的图形设计，为页面的视觉表现增添了新意；通过合理的色彩搭配和图标文字设计增强了页面的品牌识别度和用户引导性；通过清晰的布局结构和空间利用提高了信息的传达效果和用户的操作体验。

图 3-5　富有创造性的网页 UI 布局设计

3.3　网页 UI 布局的要点

在网页 UI 设计的广阔领域中，每一种独特的网页形态与布局结构都是其背后网站类型与品牌个性的直观体现。在启动一个网站项目之初，首要且关键的任务便是明确其市场定位与目标受众，随后深入探索该领域内是否存在被人们广泛认可与采纳的典型布局结构。

遵循行业内的典型布局模式，不仅能够迅速建立用户对于网站功能与用途的初步认知，还能有效地降低用户的学习成本，提升整体的用户体验。这是因为用户往往习惯于根据已有的经验与认知模式来快速适应新环境，而典型的布局结构正是这一心理机制的有效利用。

1. 选择合适的布局方式

在设计布局时，最重要的是根据信息量和页面类型等选择合适的分栏布局方式，并根据信息间的主次选择合适的比例，对重要信息赋予更多空间，体现出内容间的主次关系，引导用户的视线。

针对门户网站的首页，由于其具有海量的信息，目前较多采用三栏式布局，同时需要根据信息的重要程度选择适合的比例方案。针对某个新闻等具体页面，新闻内容才是用户最为关注的内容，导航等只是辅助信息，因此适合采用一栏式或者以新闻内容为主的两栏式布局。图 3-6 所示为新闻门户网站的页面布局设计。

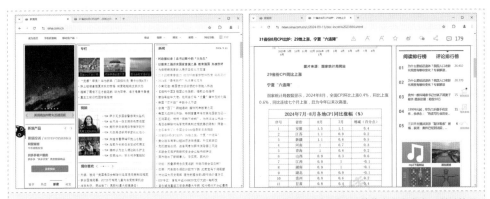

某新闻门户网站的首页和内容页面，因为在新闻门户网站的首页中需要呈现的信息量非常大，所以其页面导航下方的内容部分采用了三栏布局的方式，并且将重要的新闻内容的栏宽设置得较大，字体也较大一些，而左侧的辅助信息部分的栏宽则较小，字体也较小。如果进入某一条新闻的内容页面，可以看到该页面中新闻标题下方的内容部分采用了两栏式的布局，左侧较宽的为新闻的正文内容，右侧较窄的则用于呈现广告和相关的推荐内容。

图 3-6　新闻门户网站的页面布局设计

2. 通过明显的视觉区分保持整个页面的通透性

在网页 UI 设计中，如果各版块间缺乏统一的设计规范，往往会引发比例失衡的问题，这种不一致性在视觉上极易给人造成杂乱无章的印象，严重干扰了用户顺畅、连贯的视觉体验。为了营造更加和谐、流畅的浏览环境，关键在于确保整个页面具有高度的通透性。

如果要实现这一目标，首要步骤是统一各版块间的比例分配，确保它们在视觉上达到平衡与和谐。在此基础上，巧妙地运用线条、色彩等视觉元素作为分隔工具，不仅能够清晰地区分不同版块的内容，还能在保持整体统一性的同时为页面增添层次感和趣味性。图 3-7 所示为通过视觉区分保证网页内容的条理性。

通过背景色块划分页面中不同的内容区域，使页面的层次结构清晰

企业宣传网页 UI 设计，使用不同明度的浅灰色色块来划分页面中不同的内容区域，使得页面的层次表现非常清晰。各栏目版块使用了相同的表现形式，版块与版块之间留有一定的间隔，从而保持了整个页面的连贯性与通透感，让人感觉整个页面内容的划分非常清晰、易读。

图 3-7　通过视觉区分保证网页内容的条理性

3．按照用户的浏览习惯及使用顺序安排内容

基于眼动追踪技术深入研究，我们了解到用户的视觉注意力自然倾向于形成 F 型扫描模式，这一发现为优化页面布局设计提供了宝贵的指导原则。为了最大化内容的吸引力和信息的传达效率，在设计页面布局时应策略性地遵循这一视觉行为规律。

具体而言，应将页面的核心内容与关键信息置于 F 型模式的起始点，即页面的左上角区域，这里是用户视觉浏览的高频热点，能够迅速捕获并维持用户的注意力。通过将最重要、最吸引人的元素安排在此位置，可以确保用户在第一时间注意到并深入阅读这些信息。

同时，考虑到 F 型模式向右下方延伸的特点，可以在页面的右侧区域布局次要内容或辅助信息，作为对核心内容的补充或引导用户进一步探索的桥梁。这样的布局不仅尊重了用户的视觉习惯，还促进了信息的层次化展示，有助于提升用户体验和页面的整体吸引力。

4．统一规范，提升专业度

在构建网站时，针对不同页面类型的特性，精心选择适宜的页面布局是至关重要的。为了确保网站的整体协调性与专业性，对于同一类型或处于同一层级的页面，应坚持采用统一的布局策略。

具体而言，这意味着在规划页面布局时，应避免在不同页面间随意变动分栏方式或分栏比例，而应追求一种连贯性和一致性。通过保持布局元素的统一布局与比例，不仅能够强化网站的整体风格与品牌形象，还能提升用户的认知连贯性，减少因布局差异带来的混淆与不适感。

此外，统一的页面布局还有助于建立用户对网站的信任感与依赖感。当用户在不同页面间自由穿梭时，能够感受到网站结构的清晰与规范，从而更加愿意停留并深入探索网站提供的内容与服务。图 3-8 所示为保持统一规范的网页布局设计。

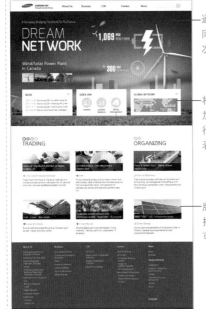

通过背景色块划分页面中不同的内容区域，使页面的层次结构清晰

将网站中的重点版块内容叠加在宣传广告图片的上方进行显示，突出该部分内容的表现

版块内容的表现形式统一，排列整齐，给人带来很好的可视性

　　在该企业网站页面的设计中，同样是通过不同的背景颜色对页面中不同的内容区域进行划分，这样可以使页面的结构清晰。网站中各部分内容的表现采用了统一的形式，运用图片、标题和文字相结合，给人一种非常统一、规范的印象；将页面中的重点内容叠加在宣传广告的上方显示，有效地突出该部分内容的表现，整个页面让人感觉整齐、规范，非常专业。

图 3-8　保持统一规范的网页布局设计

3.4　根据整体内容位置决定的网页 UI 布局

　　在网页 UI 布局设计中，关键在于精准地把握内容排布的逻辑与视觉层级的构建。首先，内容排列顺序的精心规划是基础中的基础，它直接影响了用户体验的流畅性与信息获取的便捷性。对于采用左侧主导布局的网站，建议将品牌标志巧妙地置于页面的左上角，这一位置不仅符合用户的视觉习惯，还能迅速建立品牌识别度，同时保持页面结构的清晰与平衡。当选择水平居中排列时，将网页的标志放置于页面正中央的上方区域，这样的布局能够营造出一种稳重而对称的视觉效果，有效地吸引用户的注意力并强化品牌形象。

　　此外，在追求网站创意与个性化的同时需要灵活平衡网页的普遍性与独特性。诚然，用户偏好的多样性不容忽视，但创造一个既实用又美观的网站，关键在于精准地定位网站的核心价值与受众群体，不必一味追求迎合所有用户的普遍喜好，而应聚焦于提升用户体验的针对性与深度。

3.4.1　满屏式布局

　　满屏式布局的页面设计以其简约的结构和直观的视觉流程著称，能够迅速引导用户聚焦核心信息，尤其适用于信息精炼、目标导向明确或独立性强的小型网站。这种布局常见于小型网站首页、专题活动页以及注册表单界面，有效地提升了用户体验的即时性与专注度。

　　在满屏式布局的首页设计中，信息呈现高度集中且层次分明，往往借助大幅面的精美图片或创意互动的动画效果营造强烈的视觉冲击力，不仅加深了用户对品牌的记忆，还极大地激发了用户的探索欲，促进其产生进一步浏览的兴趣。这种设计手法对于提升品牌形象、增强用户黏性具有显著效果。

　　然而，鉴于满屏布局在信息展示量上的局限性，合理地规划页面元素变得尤为重要。设计师需巧妙地融入导航条、关键入口链接等导航元素，确保用户在享受视觉盛宴的同时能够轻松访问网站的其他重要区域或功能，实现信息的有效分流与引导，进一步丰富用户的浏览体验。图 3-9 所示为满屏式布局的网页 UI 设计。

　　投资发展企业宣传网页 UI 设计，使用该企业开发的房地产项目渲染图片作为页面的满版背景，使浏览者感觉仿佛在浏览精美的企业宣传画册，视觉效果突出。在页面中搭配少量的白色文字，左上角为网站 Logo，右上角为网站导航菜单文字，整体效果非常简洁。

　　家居产品宣传网页 UI 设计，使用家居场景实拍照片作为页面的满版背景，页面具有很强的场景代入感。整个场景以低纯度的灰色调为主，给人一种内敛、沉稳的印象。在家居场景中安排一张高饱和度红色的沙发椅，使其成为场景中的视觉焦点，页面布局简洁、视觉效果突出、代入感强。

图 3-9　满屏式布局的网页 UI 设计

　　满屏式布局因其独特的视觉张力和高效的信息聚焦能力在多种场景下展现出非凡的适用性，特别是在目的性极为单一的页面设计中，如搜索引擎的查询界面，满屏布局能够确保用户的视线不被分散，直接聚焦于搜索框这一核心功能区域，从而加速信息检索过程，提升用户体验。

　　此外，对于相对独立且功能明确的二级页面或更深层次的页面，如用户登录与注册界面，满屏布局同样非常实用。它不仅能够通过精简的页面元素和直观的视觉引导帮助用户快速理解并完成操作流程，还能借助富有吸引力的背景或视觉元素营造出温馨、专业或科技感十足的氛围，增强用户与品牌之间的情感连接。图 3-10 所示为满屏式布局的网页登录界面设计。

　　厨房家电品牌网站的用户登录页面，页面以厨房家电的宣传广告图片作为满版背景，充分突出厨房家电产品的表现，在页面偏右侧的位置使用白色矩形背景突出用户登录表单选项，由于用户的焦点只聚集在表单的填写上，所以除表单以外只需要提供跳转到其他页面的入口即可，不需要过多不必要的信息和功能，否则反而会引起用户的不适。

图 3-10　满屏式布局的网页登录界面设计

3.4.2　两栏式布局

　　两栏式布局是常见的布局方式之一，这种布局方式巧妙地融合了满屏式布局的精致与三栏式布局的丰富性，达到了内容与视觉效果的良好平衡。与满屏式布局相比，两栏式布局显著地扩展了内容承载能力，使得页面能够呈现更为详尽的信息；与三栏式布局相比，它则避免了信息的过度堆砌与视觉上的杂乱无章，确保了内容的清晰可读与界面的整洁有序。尽管两栏式布局在视觉冲击力与信息密度上可能不及满屏式布局与三栏式布局那般极致，但它却以其独特的优雅与平衡感赢得了众多设计师与用户的青睐。

　　两栏式布局根据其两侧区域面积的比例差异，可细化为左窄右宽、左宽右窄及左右均等 3 种布局模式。这些细微的差别实则蕴含着引导用户视线流动、塑造页面视觉焦点的深刻考量。

1. 左窄右宽

　　在构建左窄右宽的页面布局时，一种高效且用户友好的设计策略是将左侧区域设定为导航栏，可以是直观的树状结构导航或者是精心编排的文字链接列表。此布局的核心在于右侧广阔的空间，它专门用于展示网页的核心内容，确保信息焦点明确、阅读流畅。

　　重要的是，左侧导航区域应避免堆砌次要信息或广告，以免分散用户的注意力，干扰其专注于右侧的关键内容。这一设计原则基于用户普遍的浏览习惯——从左至右、从上至下地自然流动，从而确保页面布局与用户的认知模式相契合。图 3-11 所示为采用左窄右宽的两栏式布局的网页 UI。

> **提示**
>
> 　　采用左窄右宽的方式布局网页，不仅提升了用户体验的连贯性和可控性，还巧妙地引导用户通过左侧导航快速定位所需信息，使操作过程更加直观和高效。因此，它特别适用于那些内容体系庞大、导航分类详尽且需要高效引导用户浏览的网页，有效地促进了信息的吸收与转化。

2. 左宽右窄

　　与左窄右宽布局形成鲜明对比的是左宽右窄型页面设计，这种布局巧妙地将主要内容置于左侧，而将导航元素置于右侧。这种结构安排显著强化了内容的主导地位，自然而然地引导用户的视觉焦点聚焦于核心内容上，确保信息传达的直接性和高效性。

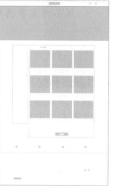

某品牌沙发宣传网站的商品列表页面，采用左窄右宽的布局方式，这种布局方式在商品列表页面中比较常见，左侧列出相关的商品查找条件，便于用户进行选择，右侧显示相应的商品，非常直观，方便浏览者对商品的查找操作。

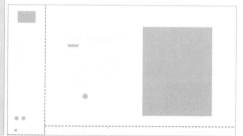

某女装品牌网站页面，采用了左窄右宽的两栏式布局，左侧为导航菜单部分，并且为该部分添加了投影，从而使该部分在网页中凸显出来，表现出页面的层次感；右侧为正文内容部分，采用图文相结合的方式进行介绍，页面布局直观、清晰，便于浏览者的阅读和操作。

图 3-11　采用左窄右宽型两栏式布局的网页 UI

在这样的布局中，用户首先被丰富、引人入胜的内容所吸引，沉浸于阅读体验之中。随后，当用户对当前内容产生进一步探索的兴趣时，右侧的导航栏便适时出现，作为信息拓展的桥梁，引导用户轻松地访问更多相关资源或深入探索其他主题。图 3-12 所示为采用左宽右窄型两栏式布局的网页 UI。

提示

左宽右窄型两栏式页面布局不仅优化了内容的呈现方式，还通过合理的视觉引导路径增强了用户的阅读连贯性和探索欲，特别适用于那些希望以内容为核心，同时提供便捷导航辅助的网站。

3. 左右均等

左右均等布局，顾名思义，是指页面左右两侧在视觉上呈现出较为均衡或完全一致的比例分布。这种布局方式在网站设计中相对少见，但在特定场景下展现出独特的魅力。左右均等布局适用于那些两侧信息在重要性上相对平衡，无须明确区分内容主次的场景。

　　某公益基金会网页 UI 设计，左侧为主体内容部分，主要是以图文相结合的方式展现最新的新闻资讯内容，右侧为该网站的导航菜单，并且导航菜单部分使用高饱和度的红色作为背景颜色，视觉效果突出，页面的视觉流程非常清晰。

　　某企业网站中的产品列表页面，同样采用了左宽右窄的布局方式，重点突出产品图片和信息的展现，在右侧放置产品的分类列表，从而在页面中体现出信息的主次。

图 3-12　采用左宽右窄型两栏式布局的网页 UI

　　通过精心规划与设计，左右均等布局能够有效地展现两侧信息的均衡性，避免给用户带来视觉上的不平衡感。它鼓励用户同时关注两侧内容，促进信息的全面吸收与理解。在这样的布局下，无论是左侧的详细描述还是右侧的图表数据，都能得到同等的重视与展现，共同构成一个和谐、统一的整体。图 3-13 所示为采用左右均等型两栏式布局的网页 UI。

　　某企业网站的"新闻资讯"页面，采用了左右均等的布局方式，这种布局方式给人强烈的对称感和对比感，能够有效地吸引浏览者的关注，但这种方式只适合信息量较少的网页，信息内容一目了然。

图 3-13　采用左右均等型两栏式布局的网页 UI

对比这 3 种方式，可以看到每种方式的内容重点和视线流动方向都是不一样的，如图 3-14 所示。

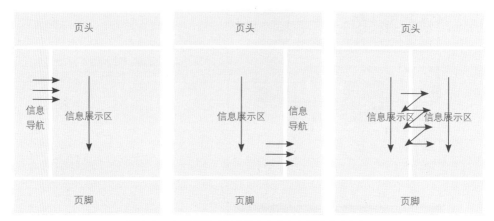

图 3-14　3 种两栏式布局的内容重点和视线流动方向

在左窄右宽型两栏式布局中，导航的显著位置不仅自然地引导用户遵循从左至右的浏览习惯，还高效地助力用户通过导航快速定位并探索所需的信息内容。这种布局方式确保了导航的引导力，让用户能够顺畅地从导航出发，深入探索网站的各个角落。

相反，在左宽右窄型两栏式布局中，左侧作为信息内容的展示区，成为吸引用户注意力的焦点。用户首先沉浸在当前内容的阅读体验中，在完成初步的信息吸收后，右侧导航适时出现，如同一位向导，引领用户进一步探索相关领域或深入了解更多细节。这种布局巧妙地平衡了内容的深度与广度的展现。

至于左右均等型两栏式布局，若两侧均承载内容信息，用户的视线流动则主要遵循从上至下的自然轨迹，两侧内容在视觉上形成一定的交织与互动，增强了页面的整体性和互动性。然而，若其中一侧或两侧同时布置导航元素，则需谨慎处理以避免视线交叉过多，造成用户视觉上的混淆与负担。设计师需通过优化布局、调整色彩与对比度等手段确保导航与内容之间既相互关联又各自独立，从而为用户提供清晰、舒适的浏览体验。

3.4.3　三栏式布局

三栏式布局以其紧凑的排版方式高效地利用网页空间，成为构建信息量密集型网站（如门户网站、电商首页）的首选。这种布局策略能够显著提升信息的展示密度，让用户在同一页面内接触到更多内容，增强信息的连贯性和丰富度。

然而，当信息量过于庞大时，三栏式布局也可能带来挑战：页面信息可能显得过于拥挤，影响用户的阅读体验和信息检索的效率。当用户在茫茫的信息海洋中寻找特定内容时，可能会感到困惑，甚至失去耐心，从而降低了对网站内容的掌控感和满意度。

为了平衡这一矛盾，设计者在采用三栏式布局时需精心规划各栏目的比例与内容分布，常见的方式有中间宽、两边窄或者两栏宽、一栏窄等。第一种方式将主要内容放置在中间栏，左右两栏放置导航链接或者次要内容；第二种方式在两栏中放置重要内容，另一栏放置次要内容。图 3-15 所示为采用三栏式布局的网页 UI。

众多门户网站与电商网站青睐于中间宽、两边窄的布局方式，其中经典的 1:2:1 比例尤为常见。这一布局巧妙地利用视觉中心原理，通过中间栏的显著宽度与相对较大的字体自然而然地引导用户将注意力集中于中间区域的信息，视其为页面的核心焦点。相应地，左右两栏则自然而然地成为了次要信息的载体或者是广告展示区，用户在浏览过程中会将其视为辅助内容。

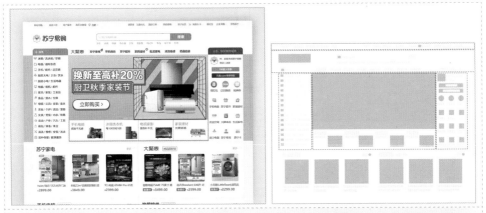

某电商网站的首页设计，采用中间宽、两边窄的方式，在中间位置放置促销活动广告和商品广告图片，左右两侧分别放置商品分类信息以及推荐商品的信息。

图 3-15　采用三栏式布局的网页 UI

　这种布局策略的确能够有效地突出页面重点，使信息层次清晰，用户的视线能够高效地聚焦于主要信息上，然而过于强调中间栏的重要性可能会在一定程度上牺牲页面的整体利用率。用户可能会更倾向于忽略或快速浏览两侧的信息，从而错过一些同样重要或有趣的内容。图 3-16 所示为采用三栏式布局的网页 UI。

某新闻门户网站的首页，采用两栏宽、一栏窄的布局方式，左侧两个较宽的栏用于表现最新的新闻信息，右侧较窄的栏则放置一些便民信息和广告等内容。这类新闻门户网站为了满足不同类型用户的需求，信息量很大。

图 3-16　采用三栏式布局的网页 UI

提示

　两栏宽、一栏窄布局方式也较为常见，最常见的比例为 2:2:1。较宽的两栏常用来展现重点信息内容，较窄的一栏常用来展现辅助信息。与前一种布局方式相比，它能够展现更多重点内容，提高了页面的利用率，但相对而言，重点不如第一种方式突出和集中。

3.4.4　水平和垂直居中的布局

水平和垂直居中的页面布局是一种优雅的设计策略，它确保页面内容无论在何种分辨率的浏览器窗口中都能精确地居中显示，为用户提供稳定且舒适的视觉体验。这种布局方式通过构建 100% 的横纵向布局框架自动调整内容位置，以适应不同尺寸的屏幕。

在设计时，通常以 1920×1280px 作为常见的参考分辨率，但现代计算机显示器的分辨率日益多样化，从高清到超高清不等，因此要采用响应式设计原则，确保页面能在各种分辨率下灵活调整，而不仅仅是依赖单一标准。

图 3-17 所示为采用水平居中式布局的网页 UI。图 3-18 所示为采用垂直居中式布局的网页 UI。

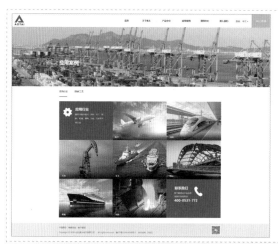
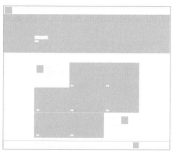

对于页面中的宣传广告，目前常见的处理方式是将其宽度处理为 100%，这样能够有效地突出宣传广告的表现效果，并且无论在哪种分辨率下显示都能够获得较好的视觉效果。

页面内容水平居中布局是网页 UI 布局中常见的一种形式。在该网页的布局设计中，页面内容整体上采用了水平居中的布局形式，这样无论浏览者的显示器的分辨率是多少，页面内容都显示在页面的中间位置，保持了页面的统一性。

图 3-17　采用水平居中式布局的网页 UI

在垂直和水平方向均居中的布局方式只适合内容较少，能够在一屏中完整显示的页面。例如该企业网站中的页面设计采用了垂直布局方式，将页面垂直划分为 4 列，在每列中介绍一种业务类型，非常直观，方便浏览者对业务类型进行全面的了解。

图 3-18　采用垂直居中式布局的网页 UI

3.5　根据分割方向决定的网页 UI 布局

在网页 UI 布局设计中，首先要明确规划，这涉及细致分析页面内容、精准定位页面的分割导向以及选定恰当的布局策略，以奠定网页结构的基础框架，然后在此稳固的框架之上进行创意设计与精细制作，确保每个元素既符合美学标准又高效地传达信息。根据页面的分割方向可以将页面的布局分为纵向分割布局、横向分割布局、纵向与横向复合型布局 3 种。

3.5.1　纵向分割布局

在进行页面的纵向分割设计时，一种经典且广受人们欢迎的做法是将导航与菜单巧妙地放置于页面的左侧边栏，而页面的主体内容（包括正文详述及公告通知等）则铺展于右侧区域。同时，在两侧边缘适度留白，不仅增强了页面的呼吸感，还提升了整体的视觉舒适度。

这种布局策略的优势显而易见，它尤其适用于信息量密集、分类繁复的网页场景。这种布局的核心魅力在于其卓越的适应性：对于不同尺寸的浏览器窗口，右侧的内容区域能够灵活调整以适应变化，而左侧的导航与菜单稳如磐石，保持恒定，为用户提供了一个稳定、可靠的导航锚点。这一特性极大地提升了用户体验，使用户能够在浏览过程中始终保持方向感，轻松地穿梭于各类信息之间。图 3-19 所示为采用纵向分割布局的网页 UI。

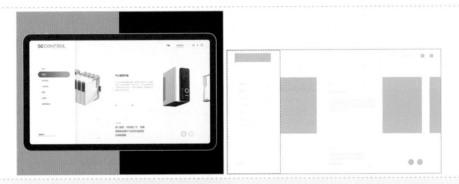

企业网站中的"产品介绍"页面，该页面采用了纵向分割的页面布局方式，将页面分割为左、右两部分，左侧窄的部分以纯白色作为背景颜色，在该部分排列 Logo 和产品类型，简洁、直观；右侧为主体内容部分，采用交互方式向浏览者介绍相关的产品，页面中不同功能和内容区域的划分非常清晰，同时便于浏览者的操作。

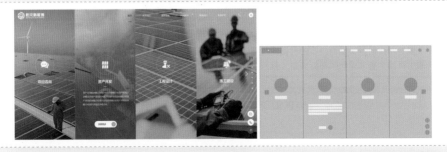

新能源企业的"业务类型"页面，在该页面中介绍的是企业的业务领域，以一种创新的方式将页面纵向分割为多个矩形，每个矩形中以相应的图片为背景，搭配白色的图片和名称文字，非常直观，除此之外还为纵向分割的各部分添加了交互效果，从而更加吸引浏览者的关注。

图 3-19　采用纵向分割布局的网页 UI

3.5.2 横向分割布局

在对页面进行横向分割设计时，一种常见的布局是将导航与菜单置于页面的顶部，而主体内容紧随其后，位于页面的下方。这种布局方式尤其适用于结构简洁明了，同时高度重视视觉冲击力与图片展示效果的网站。它巧妙地利用顶部空间作为信息导航的起点，引导用户的视线自然下移至丰富的内容区域。

选择横向分割还是纵向分割，实则取决于网站的核心诉求与设计理念。若网站的核心价值在于清晰、高效的导航体验，那么纵向分割以其稳定的侧边导航优势成为更加合适的选择。它确保了导航元素在浏览过程中的持续可见性，便于用户随时定位与跳转。

相反，若网站追求的是整体设计感的极致表达与视觉效果的震撼呈现，横向分割则以其开阔的视野、流畅的线条和卓越的视觉连贯性脱颖而出。它不仅能够强化页面的视觉冲击力，还能通过巧妙的布局设计营造出统一和谐、引人入胜的视觉体验，从而深深地吸引并留住用户的目光。图 3-20 所示为采用横向分割布局的网页 UI。

家电品牌网页 UI 设计，页面采用了横向分割的排版布局方式，顶部白色背景的为 Logo 和导航菜单，接下来是产品宣传广告，产品宣传广告的下方为白色背景的主体内容部分，该部分内容采用水平居中的形式进行排版设计，底部深蓝色背景为网站链接和版底信息部分，不同的背景颜色有效地划分了不同的内容，页面结构非常清晰。

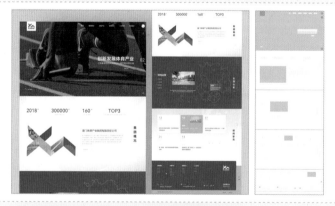

体育运动企业宣传网页 UI 设计，页面以蓝色和白色为主色调，蓝色给人以稳重、专业的印象，白色则增加了页面的清洁度和简洁感。页面同样采用了横向分割的排版布局方式，顶部以体育活动宣传图片为背景，在其顶部叠加企业 Logo 和导航菜单文字，页面的视觉表现效果突出。在其下方，依次以白色和蓝色作为背景颜色，划分不同的内容区域，在每个内容区域中又根据内容的形式采用了不同的排版方式，页面整体看起来非常有条理，结构清晰。

图 3-20　采用横向分割布局的网页 UI

3.5.3　纵向与横向复合型布局

在网页 UI 布局设计中，多数网页倾向于采用纵向分割与横向分割的巧妙融合，构建出既稳定又富有变化的复合型布局。这种设计策略往往以纵向分割为基石，稳固地搭建起网站的信息架构，随后在此基础上灵活地融入横向分割元素，以增强页面的视觉层次与流动性。

在纵向与横向复合型布局的网页中，一个常见的模式是将导航菜单等关键导航元素置于页面顶部，确保用户无论浏览至何处都能迅速地定位与跳转。同时，版权声明等法律信息则稳妥地放置于页面底部，既符合常规布局习惯，也便于用户查找。

此外，为了进一步优化用户体验与信息呈现，设计者通常会选择将子菜单或侧边栏置于纵向分割的左侧区域，通过高效地利用垂直空间，为用户提供清晰的内容分类与便捷的导航路径，而页面的右侧区域自然而然地成为主题内容的展示舞台，无论是图文并茂的文章、引人入胜的产品介绍，还是其他形式的核心内容，都能在此得到充分的展现与强调。图 3-21 所示为采用纵向与横向复合型布局的网页 UI。

餐饮美食网页 UI 设计，页面整体采用了居中的布局方式，横向划分为上、中、下 3 个部分，中间部分为页面的主体内容区域，该部分按纵向分割划分为左侧分类选项菜单和右侧内容部分，内容部分同样采用了横向与纵向复合型布局方式，页面内容的结构清晰、易读，内容划分明确。

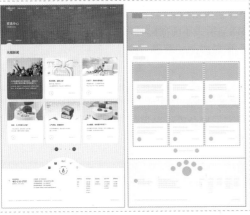

蛋糕网页 UI 设计，同样采用了横向与纵向复合型的页面布局方式，首先在横向上将页面从上至下划分为顶部宣传广告和导航区域、正文内容区域和底部信息区域，正文内容区域则根据内容采用了纵向分割的布局方式，使得该部分内容条理清晰，方便浏览者浏览。

图 3-21　采用纵向与横向复合型布局的网页 UI

技巧

纵向分割和横向分割比较适用于页面内容较少的网站，纵向分割与横向分割相结合的布局方式则适用于页面中信息量较多的网站，可以有效地对页面中的内容进行分布、排列。

3.5.4　运用固定区域的设计

在网页 UI 设计中，采用固定区域布局是一种精心策划的策略，它巧妙地在页面上划定一个特定尺寸的视觉焦点区域，用于集中展示所有核心内容。这种设计手法不仅让访问者能够瞬间捕捉到网页的整体布局框架与核心主题，还极大地提升了信息的可读性与吸引力。

尽管固定区域设计在网页布局结构中的具体分类难以一概而论，但其核心魅力在于其无与伦比的聚焦能力。通过限制内容展示的空间范围，它自然而然地引导用户的视线聚焦于这一精心设计的区域，从而确保网页能够高效、精准地向用户传递所有关键信息。这种设计策略不仅优化了用户的浏览体验，还促进了信息的有效沟通与传播。图 3-22 所示为采用固定区域布局的网页 UI。

卡车服务网页 UI 设计，使用卡车图片作为页面的满版背景，在背景图片上左侧覆盖不对称的白色背景，不规则的色块背景为页面添加了动感。在白色背景范围内对网页的 Logo、导航和相关信息内容进行排版设计，页面整体表现效果简洁、直观。这种固定区域的布局形式适合表现一些内容较少的页面，例如该网页宣传图片结合少量的文字信息内容，浏览者能够快速地抓住页面的主题。

图 3-22　采用固定区域布局的网页 UI

提示

固定区域的布局结构也有不足的一面，由于固定区域的尺寸和界限非常明确，所以当浏览者的显示器的分辨率足够大时，页面可能会出现大量的留白，固定区域的特殊形态就会给人一种孤立、疏远的感觉。

3.6　初始页面的布局类型

初始页面的网页布局类型在网站页面设计中占据的位置非常重要。初始页面不仅作为网站的门户，向访问者直观地展示网站的性质、功能及核心价值，更是塑造用户对网站第一印象的关键所在。因此，设计师在构思与构建初始页面 UI 时需深思熟虑，将网站的类型特色、核心功能以及品牌宣传理念紧密融合，以确保页面内容布局既能精准地传达信息，又能激发用户的兴趣与共鸣。

　　根据网站的类型和功能来确定初始页面的布局类型，可以将初始页面的布局类型分为 3 种，分别是单一结构布局、普通结构布局和复合结构布局。

　　（1）单一结构布局：此类型布局简约而不失力量，专注于核心内容的直接呈现。它摒弃烦琐，以最直接的方式将网站的主题或核心产品置于视觉中心，适用于目标明确、内容聚焦的网站，如个人作品集、产品展示页等。单一结构布局通过其高度的集中性与清晰度迅速地抓住用户的注意力，有效地传达关键信息。图 3-23 所示为采用单一结构布局的初始页面。

　　饮料产品宣传网页 UI 设计，该页面采用了单一结构的布局方式，在页面中心位置放置产品图片，搭配少量的文字介绍内容，通过交互操作的方式来突出产品的表现，使浏览者感受到轻松、愉快的氛围，并能够留下深刻的印象。

图 3-23　采用单一结构布局的初始页面

　　（2）普通结构布局：作为最常见的布局形式，普通结构布局平衡了内容的多样性与布局的合理性。它通常包含头部导航、主体内容区域以及底部信息区域等标准元素，适用于多数综合性网站，如新闻资讯、企业官网等。这种布局既便于用户快速地定位所需信息，又保证了网站的整体美观与易用性。图 3-24 所示为采用普通结构布局的初始页面。

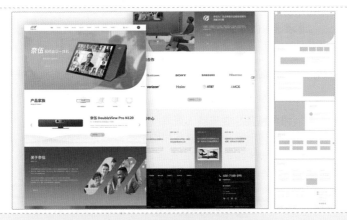

　　企业宣传网页 UI 设计，通常会采用横向与纵向分割相结合的方式对页面进行布局设计，通过横向分割的方式将页面分为顶部导航与宣传广告区域、中间主体内容区域、底部的快捷菜单和版底信息区域，而在主体内容区域中又按栏目的不同采用了纵向与横向分割相结合的方式进行排版，页面结构非常清晰，为浏览者提供清晰的浏览和阅读顺序。

图 3-24　采用普通结构布局的初始页面

　　（3）复合结构布局：复合结构布局是前两者的巧妙融合与升级，它根据网站的具体需求灵活地组合多种布局元素，创造出既丰富又条理分明的页面效果。复合结构布局适用于功能复杂、信息量大或追求独特视觉体验的网站，如电商平台、社交媒体等。复合结构布局通过其高度的灵活性与创新性为用户带来前所未有的浏览体验，同时也彰显了网站的专业性与品牌形象。图 3-25 所示为采用复合结构布局的初始页面。

长页面的形式通常会通过不同的背景颜色来划分页面中不同的内容区域，这样可以使页面的内容结构更加清晰；或者采用整体的背景图形使整个页面形成一个整体。

　　目前，许多网站在设计时都会采用长页面的布局形式，这种形式能够在一页中展示较多的信息内容。在长页面中通常会通过不同的背景颜色来区分不同的栏目，使得各栏目的划分非常清晰，而在每个栏目中又根据该栏目内容的特点分别采用不同的排版表现形式，使得页面整体流畅而局部不同，整个页面和谐、统一。

图 3-25　采用复合结构布局的初始页面

3.7　课后练习

　　在完成本章内容的学习后，接下来通过课后练习检测一下读者对本章内容的学习效果，同时加深读者对所学知识的理解。

一、选择题

1. 下列不属于网页 UI 布局最重要的基础原则的是（　　　）。

　　A. 内容丰富　　　　　B. 重点突出　　　　C. 主次分明　　　　D. 图文并茂

2. 以下关于进行网页 UI 布局设计时需要考虑的因素的描述，错误的是（　　　）。

　　A. 网页中的信息内容词语简洁、易懂

　　B. 吸引浏览者的注意力到该网页上并引导其对该页面中的某部分内容进行查看

　　C. 网页 UI 并不需要快捷地传达页面中的信息内容，而更需要注重美观性

　　D. 让网页 UI 更加富有创造力和独特的个性特征

3. 以下关于网页 UI 布局要点的描述，错误的是（　　　）。

　　A. 选择合适的布局方式

　　B. 选择美观、个性的布局方式

　　C. 通过明显的视觉区分，保持整个页面的通透性

　　D. 按照用户的浏览习惯及使用顺序安排内容

4. 以下不属于初始页面布局类型的是（　　　）。

    A. 单一结构布局　　　　　　B. 普通结构布局

    C. 复合结构布局　　　　　　D. 多重结构布局

  5. 以下关于满屏式布局的描述，错误的是（　　　　）。

    A. 满屏式布局的页面设计以其简约的结构和直观的视觉流程著称，能够迅速地引导用
户聚焦核心信息

    B. 满屏式布局适用于信息精炼、目标导向明确或独立性强的小型网站

    C. 在目的性极为单一的页面设计中，满屏布局能够分散用户的视线

    D. 通常借助大幅面的精美图片或创意互动的动画效果来营造强烈的视觉冲击力

二、判断题

  1. 在构建网站时，对于同一类型或处于同一层级的页面，可以采用不同的布局策略。
（　　　）

  2. 网页 UI 布局的设计精髓在于既能够规整且准确地传达网页的核心信息，又需依据信息
的重要层级巧妙地引导浏览者首先接触到最关键、最有效的内容。（　　　）

  3. 在网页 UI 布局设计中，关键在于精准地把握内容排布的逻辑与视觉层级的构建。
（　　　）

  4. 两栏式页面布局是常见的布局方式之一，这种布局方式巧妙地融合了满屏式布局的精
致与三栏式布局的丰富性，达到了内容与视觉效果的良好平衡。（　　　）

  5. 根据页面的分割方向可以将页面的布局分为纵向分割布局、横向分割布局、纵向与横
向复合型布局 3 种。（　　　）

三、简答题

简单描述什么是网页 UI 布局设计。

第4章
网页 UI 布局形态与视觉风格

在网页 UI 设计中，应当采取一种"以功能为核心，形态为辅助"的策略。首先确保所有功能的实现无碍，然后在此基础上通过精心设计的形态元素来增强界面的吸引力和易用性。这样的设计既能满足用户的实际需求，又能提供愉悦的视觉享受，实现功能性与形态性的完美融合。

本章将向读者介绍网页 UI 布局形态和视觉风格的相关知识，包括网页功能与网页形态哪个更重要、网页 UI 布局形态的含义及情感、大众化网页 UI 布局形态、个性化网页 UI 布局形态和常见网页 UI 视觉风格等内容，使读者能够深入地理解多种不同的网页布局形态与视觉风格。

学习目标

1. 知识目标
了解网页功能与网页形态哪个更重要；
认识并理解大众化网页布局形态；
认识并理解个性化网页布局形态。
2. 能力目标
理解各种网页布局形态的含义及情感；
理解常见网页 UI 视觉风格的表现形式。
3. 素质目标
具备健康的身体和心理素质，能够承受学习和工作的压力；
具备资源整合能力，能够合理地调配和利用资源，实现工作目标。

4.1 网页功能与网页形态哪个更重要

网页布局形态作为视觉沟通的核心媒介，在网页 UI 设计中占据着举足轻重的地位。在网页 UI 设计中，要求设计师具有高度的灵活性，能够巧妙地在网页的功能性与形态性之间架起桥梁。与片面地追求实用性、功能性和目标导向的设计相比，仅侧重于形态的设计往往更像艺术家的个人表达，缺乏了与用户的实际互动需求；而单纯地强调功能性的设计，则可能忽略了视觉吸引力，导致用户的体验平淡、无奇。

探讨网页功能与网页形态哪个更重要，实际上是一个寻找平衡点的过程。在网页 UI 设计领域，这两个方面并非孤立存在，而是相辅相成、缺一不可。设计师面临的挑战在于，如何在满足网页功能需求的基础上通过形态设计提升视觉美感与用户体验。

面对这一挑战，关键在于理解设计的本质——它是将既定目的通过造型艺术转化为实际产品的过程。因此，网页功能与网页形态的优先级并非绝对的，而是由具体的设计任务和目标用户群体所决定。从根本上说，网页 UI 设计的终极目标是服务于用户，满足其信息获取、交互体验等核心需求。这意味着在大多数情况下功能性应当作为设计的出发点和落脚点，而形态设计则作为增强这一基础的有效手段。

进一步来说，网页布局形态不仅仅是容纳内容的框架，更是传达品牌个性、引导用户情绪的重要载体。它既是功能结构的视觉化呈现，也是用户感知网页风格的第一印象。因此，在设计过程中应充分考虑布局形态如何与功能结构相协调，既提升用户的操作效率，又激发其情感共鸣，从而实现功能与形态的完美融合。图 4-1 所示为以功能性为导向的网页 UI 设计。图 4-2 所示为以布局形态为导向的网页 UI 设计。

搜索页面就是一个典型的以功能性为导向的网页，在网页功能与网页布局形态两个方面更多的是侧重于网页功能，使用户能够更加轻松、方便地使用其所提供的搜索功能。

对于许多以宣传推广为目的的网页而言，这类网页布局形态比网页功能更重要。设计师需要设计出独特、新颖的表现形式，有效地突出网页主题的表现，为浏览者留下深刻的印象，从而达到宣传的目的。

图 4-1　以功能性为导向的网页 UI 设计　　　　图 4-2　以布局形态为导向的网页 UI 设计

在网页 UI 设计中，网页设计师常因聚焦于布局结构的实用性而不经意间忽视了布局形态的艺术魅力。然而，在打造独树一帜、充满创意的网站时，网页布局形态如同一把钥匙，能够解锁设计师思维的无限可能，激发前所未有的创作灵感。因此，平衡好网页布局结构与布局形态的关系成为设计出卓越网页作品的必经之路。

为了引领网页 UI 设计迈向新高度，在设计布局形态时应秉持多样性与创新性并重的原则。这意味着不仅要追求视觉上的新颖与独特，更要通过深思熟虑，确保形态设计既不过分凌驾于功能之上，又能巧妙地增强用户体验，实现形态与功能的和谐共生。换句话说，需要在形态设计中融入合理的考量，确保它既能展现美感，又能服务于网页的实际功能需求。

4.2　网页 UI 布局形态的含义及情感

在网页 UI 设计中，形态作为情感的载体，第一时间与用户建立起心灵的共鸣。用户通过细腻地感知设计师精心雕琢的形态设计，能够直观地领悟设计背后的理念与情感寄托，形态因此成为了传递设计师意图与感受的微妙而强大的微观媒介。

值得注意的是，网页布局形态的影响力并非一成不变，它深受个人所处环境、个性特质及具体情境等多重因素的影响，导致每个人对同一形态的感受可能呈现出独特的色彩。这要求设计师在进行形态设计时采取更为客观和包容的视角，深入地理解并尊重用户的多样性，从而更精准地把握形态传达的意义，确保设计能够跨越个体差异，触达更广泛受众的心田。

4.2.1　点

点是构筑视觉空间不可或缺的基石，作为视觉表达的基本设计词汇，它深刻地塑造着人们的视觉体验。在网页设计的微观世界中，点不仅是构成页面的最小单元，更是引导视觉流动、强化信息层次的关键角色。巧妙地在每行文字前融入点形态，不仅能够引领用户的视线轨迹，使内容呈现更加有序、引人入胜，还能在不经意间为设计增添一抹亮点，实现"以点带面"的艺术效果。

一个网页往往需要数量不等、排列顺序不同的点来构成，点的方向、大小、位置、聚集、发散等都会给人带来不同的心理感受。合理地运用点形态可以表现出不同的视觉效果。图 4-3 所示为点在网页 UI 设计中的表现。

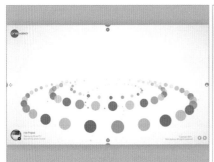

图 4-3　点在网页 UI 设计中的表现

表 4-1 所示为点给人们所带来的感受。

表 4-1　点给人们所带来的感受

	第一感受	第二感受	联想到的对象
	结束 / 结尾 / 结果 存在 / 有 小 / 细小 / 微小 凝聚 / 凝结 污点 / 瑕疵	无穷尽 明确 / 清楚 节制 / 简洁 / 简单 休息 寂寞 / 寂静 / 空虚	蚂蚁、孔、黑洞、斑点 星星、宇宙、点的集合 棋子、灰尘

点作为线性的起点与几何学上象征终结的符号，其形态蕴含了无限的意蕴与想象空间。根据广泛调研的数据显示，人们在面对点的形态时内心涌动的感受与联想展现出既多元又高度共鸣的特性。具体而言，"结束 / 结尾 / 结果"这一系列象征终结的概念，与"存在 / 有"这样表达存在的感知，在点形态的激发下，引发了相似的情感体验。这些联想对象之间虽内容各异，却共同揭示了点作为视觉元素所承载的深厚哲学意味与广泛象征价值。

从以上的调查结果可以看出，点含蓄地表达了"结束 / 结尾 / 结果""空间感""时间的无穷尽"等含义。相对于人而言，点是十分小的，但是人们对于点的回答却又是多样的，仿佛在点的世界里又包含了另一个宇宙空间。图 4-4 所示为点在网页 UI 设计中的应用。

医疗器械相关网页 UI 设计，在页面背景中通过多个大小逐渐变化并按顺序进行排列的点组成背景图形，丰富页面背景的表现效果。同时该网页是一个交互式页面，在页面左侧居中的位置通过圆点与文字相结合，有效地提示用户当前页面所展示的内容。

博物馆网页 UI 设计，该网页以文物修复和文物保护相关知识介绍为主，在文字内容的介绍中每一条主题加入圆点进行标注，可以引起浏览者的注意，并很好地引导浏览者阅读，使页面的内容更有条理性。

图 4-4　点在网页 UI 设计中的应用

4.2.2　圆

圆形以其独有的平滑、流畅之美赋予人心灵以安定与愉悦的享受。在网页 UI 设计中，巧妙地将连贯的圆形元素融入布局之中，不仅为页面编织出一曲视觉上的和谐乐章，更增添几分生动与活力，营造出一种跃动而不失和谐的气氛。

通过精心策划圆形形态的应用，设计师能够巧妙地提升页面的层次感，使信息架构更加清晰、有序。这种层次分明的布局自然而然地引导用户的视线聚焦于核心信息点，实现信息快速而有效的传达。同时，圆形作为视觉焦点，其圆润无棱的特质能够自然而然地吸引并留住用户的注意力，让关键内容在第一时间跃然眼前，加深用户的记忆与理解。图 4-5 所示为圆在网页 UI 设计中的表现。

图 4-5　圆在网页 UI 设计中的表现

表 4-2 所示为圆给人们所带来的感受。

表 4-2　圆给人们所带来的感受

	第一感受	第二感受	联想到的对象
	柔和的感觉 舒适 温和/温暖 圆满/完成 包容 流动	心情好 团圆 顺利 扩展/持续性 安定/均衡 可爱	地球、太阳、月亮、孔、风扇、瞳孔、西瓜、纽扣、月饼

　　圆形所触发的联想情感以柔和、安定与舒适为主导，其在网站页面设计中的应用无疑成为了一种近乎完美的视觉表达。圆形以其独有的周而复始之态，宛如一条无垠的循环轨道，内在地蕴含了永恒与不息的哲学意涵，使得人们在凝视类似圆形的自然天体（如地球、太阳、月亮）时不禁生出一种超越时间的永恒感。图 4-6 所示为圆在网页 UI 设计中的应用。

　　球场介绍网页 UI 设计，页面设计简洁、直观，在页面顶部的通栏宣传图片上叠加球场总体介绍内容，为了使文字更清晰、易读，添加了圆形的背景色块，表现效果突出。该网页中圆形的应用不仅增强了网页的视觉效果，还提高了用户的交互体验。

　　运动品牌介绍网页 UI 设计，该网页可以分为上、中、下 3 个部分，中间部分为主体内容区域，在该区域中通过圆形图片与介绍文字相结合表现相关内容，圆形图片使得页面内容更加生动、有趣，增加了用户的阅读兴趣和停留时间。圆形图片在整个页面中的应用保持了设计上的统一性，具有良好的视觉美感。

图 4-6　圆在网页 UI 设计中的应用

4.2.3　三角形

　　在网页 UI 设计中，三角形图标以其独特的视觉形态，在下载按钮旁或导航区域等关键位置发挥着不可或缺的作用。这些三角形不仅作为装饰元素存在，更因其固有的方向性特质，成为引导用户视线与操作流向的巧妙工具。它们以直观且高效的方式为用户指引浏览路径，有效地促进了用户对关键信息的识别与获取。图 4-7 所示为三角形在网页 UI 设计中的表现。

　　三角形，以其独特的几何形态，常让人联想到锋利与尖锐的视觉冲击力。在视觉设计中，当三角形以斜线或与斜线对立的形式出现时，它们不仅构建出一种动态张力，还巧妙地激发了人们对于竞争、不安、危险乃至强烈情感与轻微眩晕等复杂心理状态的联想，营造出一种紧张而充满活力的氛围。

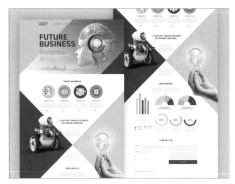

图 4-7　三角形在网页 UI 设计中的表现

表 4-3 所示为三角形给人们所带来的感受。

表 4-3　三角形给人们所带来的感受

图例	第一感受	第二感受	联想到的对象
	锋利 / 锐利 方向 / 指示 尖锐的对立 / 竞争 危险 / 粗暴 不安 稳定感	精炼 现代的 / 都市的 疼痛 / 痛苦 强烈 / 冲击 冰冷 均衡	金字塔、山、箭头、三棱镜、交通标志板、三角铁、数学

　　更进一步，三角形那鲜明、平滑而又锋利的边缘，还巧妙地与现代都市的时尚气息相契合。它们象征着简约、利落的设计风格，以及不断追求创新与突破的都市精神，让人在视觉享受的同时也能感受到一股强烈的现代感与时尚潮流。因此，在网页 UI、广告设计等创意领域，三角形及其变体被人们广泛应用，以展现品牌的现代感与独特魅力。图 4-8 所示为三角形在网页 UI 设计中的应用。

　　企业宣传网页 UI 设计，深色的背景搭配黄色的机械产品，有效地突出机械产品的表现效果，在网页背景中加入高饱和度的红色三角形，与背景形成强烈的对比，增加了页面的层次感，同时也使得页面的视觉效果更加突出。

　　相机品牌宣传网页 UI 设计，在深色的网页背景中搭配高饱和度的黄色三角形，黄色和黑色对比鲜明，这种色彩搭配本身就可以形成强烈的视觉冲击力。三角形的尖角可以传达出动态感和张力，这在摄影和与相机相关的设计中尤为重要。

图 4-8　三角形在网页 UI 设计中的应用

4.2.4　矩形

　　矩形在网页 UI 设计中扮演着举足轻重的角色，它以其固有的稳定感、舒适度和平衡视觉特性成为布局划分的首选形态。通过精心设计矩形的尺寸、布局位置及色彩搭配，不仅能够巧妙地构建出层次分明的页面结构，赋予用户耳目一新的视觉体验，更能精准地传达设计师的意图与核心理念。

　　这种设计手法不仅增强了页面的可读性和吸引力，使得信息架构清晰、有序，还能够有效地引导用户视线，确保关键信息得以突出展示，从而助力受众群体快速地捕捉并理解页面主体内容。因此，在 UI 设计中灵活地运用矩形元素是提升用户体验、增强设计表现力的关键策略之一。图 4-9 所示为矩形在网页 UI 设计中的表现。

图 4-9　矩形在网页 UI 设计中的表现

　　表 4-4 所示为矩形给人们所带来的感受。

表 4-4　矩形给人们所带来的感受

	第一感受	第二感受	联想到的对象
	安定感 舒适感 局限 / 拘束感 逻辑感 死板 / 僵硬感	简单 / 清爽 忠实 端正 普通 广阔	计算机、书、箱子、墙壁、记事本、饭盒、广场、电视、门、手机

　　矩形，这一由两组平行直线相交而成的几何形态，不仅展现出一种严谨而有序的视觉效果，还蕴含着强烈的逻辑美感。其稳固的边角设计，无一丝动摇，自然而然地营造出一种安定与舒适的氛围，让人心神宁静。

　　然而，矩形之美有其双面性。其由直线构成的特性，在某些情境下可能略显单调，甚至会引发人们对封闭、狭窄空间的联想，如同被四壁环绕，带来一丝被束缚的微妙烦躁。当将矩形与门窗的意象相结合时，视野仿佛被瞬间扩宽，那份原有的局限感被豁达与开朗所取代。它提醒人们，即便是在看似规整的框架之内，也能通过想象与创造找到通往广阔世界的门窗，让心灵得以自由飞翔。图 4-10 所示为矩形在网页 UI 设计中的应用。

技巧

　　由于人的心理感受会受到所联想对象的影响，所以网页设计师在进行网页 UI 设计时必须认真细致地考虑由自己设计的形态所联想的对象是否与整个网页主题相协调。

　　企业宣传网页 UI 设计，使用不同颜色的矩形色块作为背景来区分页面中不同的内容，效果非常清晰、明确，并且不同颜色的色块也使得各部分内容的划分非常明确，采用了蓝色和绿色作为主色调，这两种颜色在视觉上形成了良好的对比与和谐。

　　VR 眼镜宣传网页 UI 设计，页面使用黑白摄影图片作为满版背景，视觉效果突出。为了使页面中的内容更加清晰、易读，为页面中的信息内容添加了白色的矩形背景，使得页面信息内容的表现非常规则，同时各部分内容的划分非常清晰。

图 4-10　矩形在网页 UI 设计中的应用

4.2.5　菱形

　　随着网络技术的日新月异，网页 UI 设计正以前所未有的速度迈向多元化与个性化时代，用户对于新颖、时尚、独具个性且紧跟潮流的网页 UI 设计的需求日益增长。在这一背景下，菱形元素凭借其独特的魅力脱颖而出，成为众多时尚动感网页的宠儿。

　　菱形以其非凡的个性、耀眼的光芒、艺术化的形态以及完美的均衡感为网页 UI 设计注入了新的活力与灵感。在运用菱形元素的网页中，每一处细节都散发着生机与活力，仿佛为静态的页面赋予了动态的灵魂。这种设计手法不仅满足了用户对于个性与创新的追求，更是在无形中提升了用户体验，让每一次浏览都成为一场视觉与心灵的双重盛宴。图 4-11 所示为菱形在网页 UI 设计中的表现。

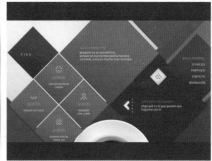

图 4-11　菱形在网页 UI 设计中的表现

　　表 4-5 所示为菱形给人们所带来的感受。

表 4-5　菱形给人们所带来的感受

图例	第一感受	第二感受	联想到的对象
	精炼 / 锐利 崭新 / 华丽 创造 高档 死板	新奇 / 惊讶 冒险 / 危险 / 不安 漂亮 / 华丽 奇妙 / 奇怪 / 未知 个性 / 独特	钻石、军队肩章、宝石、卡片、包袱皮、纹路、皇族、玻璃

在联想的领域中，菱形常与璀璨夺目的钻石相联系，这一联想不仅赋予了菱形高档、华丽的视觉印象，也暗示了其独特的价值与不凡的品位。同时，菱形的尖锐直线形态也能自然地引导人们的思绪飘向三角形，那种尖锐、锋利的意象油然而生，进一步丰富了菱形的情感表达层次。

值得注意的是，当单个菱形独自呈现时，其独特的形态或许会让人感受到一丝不安；当多个菱形以和谐的方式组合在一起时，它们之间的相互作用与融合却能够创造出一种令人意想不到的牢固稳定感。这种从不安到稳定的转变不仅体现了设计的巧妙与智慧，也深刻地揭示了形态与情感之间复杂而微妙的联系。图 4-12 所示为菱形在网页 UI 设计中的应用。

门窗企业宣传网页 UI 设计，使用深色调与浅棕色在页面中将背景划分为不同的部分，每部分内容都采用了不同的表现形式。在"盈利模式"介绍部分，使用高饱和度的橙色菱形色块作为背景，在每个菱形色块背景上放置相应的内容，使得页面内容的表现效果更加丰富、生动。

时尚网站页面 UI 设计，使用菱形作为页面布局的主要图形元素，通过大小不一的菱形图片的排列使页面表现出很强的个性与时尚感，并且使用了黑色与深灰色作为页面的主色调，更加凸显商品图片的表现，给人一种富有艺术潮流感的印象。

图 4-12　菱形在网页 UI 设计中的应用

4.2.6　直线

直线作为网页 UI 设计中不可或缺的关键元素，不仅是塑造页面形象的基础架构，更是传递丰富视觉信息与情感导向的桥梁。其角色多元，能够清晰地界定方向、精确地标识位置、灵活地调控宽度与长度，同时在无形中透露出设计的品质感与情绪基调。直线往往能激发庄重、坚韧、力量感与进取向上的视觉联想，为网页注入一抹不可忽视的动势与活力。

为了最大化直线的视觉潜力，设计师需巧妙施策，通过线条的粗细变化、排列组合以及与其他设计元素的融合，创造出既富有层次又极具冲击力的视觉效果，从而有效地捕获并引导用户的视线流动，增强页面的吸引力和可读性。图 4-13 所示为直线在网页 UI 设计中的表现。

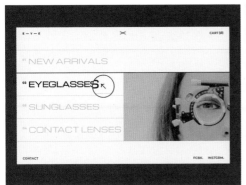

图 4-13　直线在网页 UI 设计中的表现

表 4-6 所示为直线给人们所带来的感受。

表 4-6　直线给人们所带来的感受

图例	第一感受	第二感受	联想到的对象
	笔直 / 端正 / 片面 永恒性 / 无限 / 永远 区分 / 界限 整洁 / 干练 安定 / 舒适	延续性 / 坚持 和平 / 宁静 无聊 / 僵化 简单 片刻性	水平线、地平线、道路 / 小路 / 高速公路、电线、晾衣绳、拔河、棍子、管道

笔直而端正的直线，以其无垠的延伸姿态，深刻地寓意着坚持不懈与无限可能，激发人们对目标的执着追求与不懈奋斗。当多条平行直线交织于画面的，它们不仅强化了时间的永恒流逝与空间的深远连续，更巧妙地营造出一种动态的速度感，仿佛能让人听见时间疾驰而过的声音。

需要注意的是，直线的纯粹与直接虽是其魅力所在，但过度使用也可能导致视觉上的单调与乏味。因此，在设计实践中应巧妙地融入曲线、色彩变化或纹理元素，以打破直线的单一性，为设计作品增添一抹灵动与活力，确保在传达秩序与规则的同时也不失为一场视觉盛宴的享受。图 4-14 所示为直线在网页 UI 设计中的应用。

数字营销服务企业网页 UI 设计，使用黑色作为页面的背景颜色，在黑色背景中通过多个高度不同的矩形表现出模糊的影像，给人一种神秘、个性的感受。页面中的矩形都可以看作垂直的直线，它们在页面中巧妙地营造出一种动态的速度感。	度假酒店宣传网页 UI 设计，使用酒店实拍照片作为页面的满版背景，给浏览者带来非常直观的视觉感受，在页面中通过非常细的直线划分出顶部功能图标区域，非常简洁。在页面弹出的导航菜单中，同样使用直线来区分每一个导航菜单项，没有过多的装饰，使得页面内容非常清晰，给浏览者简洁、舒适的感受，并留下深刻的印象。

图 4-14 直线在网页 UI 设计中的应用

4.2.7 斜线

斜线具有动力、不安、速度和现代意识的特点。在网页 UI 设计中，斜线的运用远不止于简单的线条绘制，其粗细的微妙变化、色彩的精心搭配以及方向的巧妙选择均深刻地影响着页面的整体布局与风格走向。斜线以其不羁的姿态巧妙地打破了直线所营造的庄严与单调氛围，为网页空间注入了一股鲜活的力量。

具体而言，斜线的粗细变化能够引导浏览者的视觉焦点，强化重点信息；而色彩的运用能进一步渲染其情绪，增强页面的感染力；至于方向的选择，更是直接关系到页面动线的流畅与视觉引导的有效性。这些元素的综合作用，使得斜线成为连接页面中各元素、激发页面生命力的关键桥梁。图 4-15 所示为斜线在网页 UI 设计中的表现。

图 4-15 斜线在网页 UI 设计中的表现

表 4-7 所示为斜线给人们所带来的感受。

表 4-7　斜线给人们所带来的感受

	第一感受	第二感受	联想到的对象
	不安定 方向性 倾斜 / 陡峭 移动 / 速度感 / 动感 强烈 进取	锋利 / 上升 / 下降 苦难 / 苦难 高低 发展 / 成长 光滑 分离 / 分割	撬棍、雨、滑梯、指挥棒、跷跷板、闪电、箭、流星、坡路、滑雪场、上坡 / 下坡

　　斜线在视觉传达中展现出卓越的方向指引与速度表现能力。无论是象征上升或下降的趋势，还是模拟上坡与下坡的动感，斜线都能以直观而有力的方式引导观者的视线沿特定路径流动，同时传递出明确的速度与力量感。这种特性使得斜线成为表达发展轨迹、成长历程、进取精神或衰败迹象等深刻主题不可或缺的元素。

　　对于网页设计师而言，斜线的运用无疑是一把双刃剑。它既能赋予页面以动态美感与情感深度，也可能因过度使用或不当搭配而破坏整体的和谐与平衡。因此，设计师需具备敏锐的洞察力与创造力，灵活地把握斜线的形态、方向、色彩等要素，确保其在页面设计中既能发挥独特的视觉冲击力，又能与整体风格相协调，共同营造出既引人入胜又富有内涵的网页体验。图 4-16 所示为斜线在网页 UI 设计中的应用。

　　企业宣传网页 UI 设计，使用蓝色渐变作为页面的背景颜色，营造出一种清新、专业且科技感十足的氛围。在背景中加入白色的半透明斜线，并且斜线在背景中呈现出由小至大的放射状，为页面背景增加了空间感，同时丰富了页面的视觉表现效果。

　　商业咨询网页 UI 设计，在该网页中主要对公司的业务类型进行介绍，其形式以文字内容为主。为了丰富页面的表现形式，在页面中通过白色的斜线对页面中的业务类型进行连接，从而引导用户的视线沿着一个斜向的路径移动。这种设计手法可以增加页面的活力，使内容更加引人入胜。

图 4-16　斜线在网页 UI 设计中的应用

4.2.8　曲线

　　曲线，以其独有的流动韵律与圆滑质感，为网页 UI 注入了无尽的生机与活力。在设计中巧妙地运用曲线的粗细变化、虚实对比以及层次叠放，不仅能够极大地丰富网页的视觉空间层次，还能营造出一种轻盈、灵动而又和谐统一的视觉效果，使网页 UI 焕发出更加鲜明的个性与独特的魅力。图 4-17 所示为曲线在网页 UI 设计中的表现。

图 4-17　曲线在网页 UI 设计中的表现

表 4-8 所示为曲线给人们所带来的感受。

表 4-8　曲线给人们所带来的感受

	第一感受	第二感受	联想到的对象
	柔和 圆滑 / 没有棱角 丰满 宽容 包容 / 关怀	女性的 自然的 安定的 / 宽广的 温和的 / 舒适的 可爱的 盈满 / 充足	彩虹、山坡、耳机、弯弓、滑梯、西瓜、海岸线、月牙、镰刀、眉毛

　　圆滑而平缓的曲线，以其丰盈饱满、自然流畅的形态，仿佛蕴含着无尽的温柔与宽广，给予观者一种包容万物、温暖人心的心理感受。这种曲线不仅触动着人们情感的柔软角落，唤醒人们内心深处的那份温和与宁静，更以其独特的形态语言巧妙地搭建起心灵沟通的桥梁。同时，曲线又是圆的一部分，所以很容易让人联想到太阳、月亮、地球等圆形物体的一部分。但是，曲线更能充分表现出母亲般的包容和女性的柔美。图 4-18 所示为曲线在网页 UI 设计中的应用。

　　产品宣传网页 UI 设计，可以十分清晰地看出曲线形态所起到的最主要的作用就是分割页面，将页面划分为左、右两部分，左侧为文字内容，右侧为图片。这种类型的网页布局方式较为常见，它可以将网页中的元素整齐化，从而有效地避免页面的杂乱无章。　健康服务企业宣传网页 UI 设计，该网页的设计非常简洁，使用青色作为页面的背景颜色，在页面中间通过大号文字表现页面的主题。为了丰富页面的表现效果，在背景中加入不同明度、不同粗细的青色曲线，给人带来视觉上的扩充感，有效地提升页面的视觉效果。

图 4-18　曲线在网页 UI 设计中的应用

4.2.9 自由曲线

在网页 UI 中，自由曲线不仅是分割空间的灵动笔触，更是装饰与美化页面的艺术精髓。它以无拘无束的姿态成为情感抒发的最佳载体，赋予页面以生命与灵魂。巧妙地融入自由曲线于页面设计中，能够创造出令人耳目一新的视觉效果，引领观者进入一个充满想象与情感共鸣的世界。

当柔美、流畅的线条与时尚前沿的色彩相遇，它们共同编织出一幅幅快乐、活泼的网页画卷。这种视觉上的和谐共生不仅提升了页面的整体美感，更激发了观者的积极情绪，营造出一种愉悦、轻松的浏览氛围。图 4-19 所示为自由曲线在网页 UI 设计中的表现。

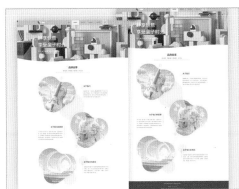

图 4-19　自由曲线在网页 UI 设计中的表现

表 4-9 所示为自由曲线给人们所带来的感受。

表 4-9　自由曲线给人们所带来的感受

图例	第一感受	第二感受	联想到的对象
	自由 / 自由奔放 复杂 / 杂乱 / 散漫 弹力 / 柔韧 活泼 圆滑 / 流动性 可爱	自然 精炼 有感觉的 危险 流动 柔美	流动的河水 / 溪水、乡村小路 / 羊肠小道、波浪、蜿蜒的山谷、山脊 / 山路、赛车、酒后驾驶

自由曲线不受任何框架的限制，过于清晰、条理的语言不适合描述其特征，而弯弯曲曲、东摇西晃、滑溜溜等自由的、滑稽的、不受约束的拟态词更能形象地描写自由曲线。从调查结果来看，被调查对象由自由曲线大多联想到自然风景，如流动的河水、蜿蜒盘旋的山谷、乡村小路、羊肠小道等。自由曲线也具有不知延伸到何处的突发性，常给人一种散漫、惊险、刺激的感觉。此外，自由曲线前进方向的变化还能让人感受到柔韧性和弹性。图 4-20 所示为自由曲线在网页 UI 设计中的应用。

科技企业宣传网页 UI 设计，网页背景采用了深蓝色和浅蓝色交织的自由曲线图案，这种曲线设计不仅为页面增添了动感，还营造出一种流动、科技和未来感。自由的曲线形态与蓝色调相结合，强化了页面的科技氛围，同时也使得整个页面看起来更加生动和有趣。

自由曲线具有柔美、典雅的特点。在商场宣传网页 UI 设计中，紫色渐变背景作为一种曲线形态的视觉元素，有效地引导了用户的视线从页面顶部向下移动，最终聚焦到中央的建筑模型上。这种视觉引导方式有助于提升用户的浏览体验和页面信息的传达效率。

图 4-20　自由曲线在网页 UI 设计中的应用

4.3　大众化网页 UI 布局形态

　　大众化的网页视觉布局形态恰似城市中形态各异的建筑，虽然在体量与规模上千差万别，却在外观设计上展现出惊人的相似性。这种布局方式在网页 UI 设计中屡见不鲜，不同规模的网站可能采用类似的视觉框架，营造出一种外观上的统一性。

　　这种布局形态的魅力在于其高效地传达大量文本信息的能力，使之成为搜索引擎、专业门户、电商平台等信息量庞大的功能型网站的首选。简而言之，大众化网页布局聚焦于构建一个以信息快速传递为核心的信息架构体系，通过标准化的布局结构和形态为用户带来熟悉且高效的浏览体验，极大地促进了网站使用的便捷性。图 4-21 所示为采用大众化布局形态的网页 UI 设计。

图 4-21　采用大众化布局形态的网页 UI 设计

　　正如建筑设计在追求标准化的同时需要兼顾个性与创意，大众化网页布局在提升用户体验的同时也面临着如何在保持通用性的基础上融入更多独特性与创意性的挑战。缺乏差异化的布局策略，可能会让网页在激烈的市场竞争中显得不够鲜明，难以脱颖而出。因此，在采用大众化布局的同时寻找并强化自身的特色元素，成为网页设计者需要不断探索与实践的重要课题。图 4-22 所示为采用大众化布局形态的网页 UI 设计。

采用矩形网格的形式来排列产品，表现形式规则并且具有秩序感

自行车宣传网页 UI 设计，该页面通过明确的分区和标题引导，使得信息层次分明，用户可以轻松地找到自己感兴趣的内容。同时，关键信息（如价格、重量等）都被突出显示，便于用户快速地做出决策。页面上的图片和标题都具有很强的视觉冲击力，能够有效地引导用户的视线流动。

手机产品网页 UI 设计，该网页是一个兼具在线销售功能的产品宣传页面，包含了大量的产品信息，因此，只有采用大众化网页布局形态才能更好地展示产品，页面中具体的产品图片与文字合理编排，在众多的页面信息内容中仍然给人一目了然的感觉。

通过不同的背景色彩来划分不同的内容区域，每个内容区域中又根据其内容采用了不同的布局和表现方式，使得页面形式统一而富有变化

通过色彩来突出表现重点信息或功能

大幅图片的应用更容易吸引浏览者的关注

长页面是近年来比较流行的一种网站页面设计趋势，它也属于大众化网页布局形态。该页面中运用通栏的图像或背景颜色来分割页面中不同部分的内容，再加上错落有致的布局，使得页面内容的表现非常清晰、整齐，给人带来清晰的视觉指引和整齐、有序的外观。

大众化网站页面注重传达网页中的信息内容，因此在页面内容较多的情况下应该考虑如何更加突出表现页面中最主要的信息。该旅游网站同样采用了长页面的形式，可以看出局部的背景色块和大图的应用可以有效地引导用户在大量的信息中迅速捕捉更加重要的信息。

图 4-22　采用大众化布局形态的网页 UI 设计

提示

　　具有独特性、创意性的网页布局形态并不代表华丽，当然，大众化网页布局形态也不仅仅具有单调性的特点。大众化网页布局形态并非是一种在外观上都普通、设计标准都相同的网页布局类型，它同样可以根据设计要素的策划和表现设计出低档、高档、幼稚、成熟等多种风格的网站。在进行网页 UI 设计时，为了有效地提高网站的整体水平和质量，要求设计师对表现网页的各种要素进行细致的设计，在保持连贯性上需要具有更高的完成度，给人以成熟感。

4.4 个性化网页 UI 布局形态

　　个性化网页布局形态是那些能够以其独树一帜的外观结构与形态彰显出鲜明个性、独特韵味及新颖创意的网站。这类网站不仅令人眼前一亮，更能让访客轻易地洞察网页设计师在塑造个性化外观时所蕴含的深刻意图与匠心独运。图 4-23 所示为采用个性化布局形态的网页 UI 设计。

图 4-23　采用个性化布局形态的网页 UI 设计

　　在设计个性化网页布局时，设计师需要首先植根于企业或产品的核心理念把握所要传达的主题，然后巧妙地运用象征性元素，通过隐喻手法，将这些抽象概念转化为具象的几何线条与形态，为设计注入灵魂。

　　接下来，设计师应勇于突破常规，根据个人的设计理念与表现策略，力求打造出既多样化又和谐、统一的网页布局。这一过程不仅是技术的展现，更是艺术创作的体现。

　　此外，设计师还需审慎考量网页布局形态与网站性质的契合度，确保设计不仅独特，而且能够准确地传达网站的功能定位与品牌形象，同时在审美层面追求布局形态与整体视觉效果的协调、统一，为访客带来愉悦的视觉享受与流畅的使用体验。图 4-24 所示为采用个性化布局形态的网页 UI 设计。

提示

　　在通常情况下，产品宣传类的网页 UI 以及一些活动宣传页面经常采用个性化的网页布局形式，独特的、有创意的个性化网页布局形态不仅可以增加页面的新颖感与趣味感，而且给浏览者耳目一新的感觉。

　　企业宣传网页 UI 设计，使用红色作为主色调，颜色较为鲜艳且富有吸引力，能够迅速地抓住用户的注意力。将图片处理为圆弧状，富有很强的个性，有效地吸引地浏览者的关注。通过精心的设计和布局，网页成功地传达了产品的核心信息和主题特色，并为用户提供了一个直观、便捷、有趣的使用体验。

　　运动鞋产品宣传网页 UI 设计，以淡黄色调为主，这种颜色给人以温馨、舒适的感觉，淡黄色背景不仅突出了产品的色彩，还营造了一种轻松、愉快的购物氛围。在页面的中心位置，一双运动鞋被放置在一个大的圆形框架内，这是整个页面的焦点区域。通过放大和突出展示产品图片，成功地吸引了用户的视线。这种布局方式不仅提升了产品的展示效果，还增强了用户的购买欲望。

　　果汁饮料产品宣传网页 UI 设计，使用高饱和度的红色与橙色以倾斜方向来分割页面背景，页面中的产品图片同样以相同的倾斜方向放置，页面整体表现出很强的动感，给人一种年轻、欢乐的氛围。

　　旅行相关网页 UI 设计，通过飞机窗户内部的视角图片，立即将用户带入航空旅行的场景中，明确地传达了与飞行、旅行相关的主题。网页采用了自上而下的布局方式，首先通过图片和标题栏吸引用户的注意，然后逐步展示详细信息和功能按钮，符合用户的阅读习惯，有助于引导用户浏览和了解网页内容。

图 4-24　采用个性化布局形态的网页 UI 设计

4.5　常见网页 UI 视觉风格

　　网页视觉风格在塑造网站品牌形象与深化主题信息传达方面扮演着举足轻重的烘托角色。随着设计领域的持续演进，网页视觉风格设计的重要性日益凸显，成为连接用户与网站情感的桥梁。每一种网页视觉风格都是对特定情感与氛围的精准捕捉，它们以各自独有的方式触动人心，激发不同的心理共鸣。

　　因此，不同的网页视觉风格能够引领用户穿梭于不同的情感世界，有的清新脱俗，令人心旷神怡；有的深沉内敛，引人深思。这种多元化的风格体验不仅丰富了用户的网络浏览之旅，也为网页本身增添了不可磨灭的个性魅力。

4.5.1 极简风格

极简风格的网页 UI 设计摒弃了一切冗余的装饰性元素，这种风格不仅赋予网页一种返璞归真的朴素美感，更以其简约而不失高雅的外观展现出非凡的简洁魅力与高度的实用性，让用户在浏览时感受到前所未有的清爽与高效。图 4-25 所示为极简风格的网页 UI 设计。

图 4-25　极简风格的网页 UI 设计

极简风格之所以能够穿越时间的长河，始终保持其流行与受欢迎的地位，源于它根植于功能性与实用性的设计理念。它不仅仅是一种视觉上的享受，更是一种对设计本质的深刻洞察与精准把握。这种风格确保了网页内容的直接呈现与高效传达，让浏览者的每一次点击都充满价值，每一次浏览都成为一次愉悦的体验。

极简风格的网页结构清晰、代码简洁，大大降低了后期维护与升级的难度与成本。然而，这并不意味着极简风格可以轻易达成。相反，它要求设计师在每一处细节上精益求精，以敏锐的洞察力捕捉那些看似微不足道却至关重要的微妙之处，从而创造出既简约又富有深意的网页作品。因此，极简风格不仅是一种设计风格的选择，更是一种对设计哲学与审美追求的深刻体现。图 4-26 所示为极简风格的网页 UI 设计。

该网站页面运用了极简的设计风格，不仅设计简洁，并且通过文字的排版方式以及局部背景图像的运用体现了浓郁的传统文化特色，非常直观、大方。

极简设计在移动端页面设计中非常常见，并且能够给人很好的视觉效果。在该家具产品页面中，仅使用简洁的家具产品图与介绍文字相结合，通过背景颜色烘托，没有使用其他任何装饰性元素，给人一种精致、典雅的感受，并且能有效地突出产品的表现。

图 4-26　极简风格的网页 UI 设计

4.5.2　简洁风格

简洁风格的网页 UI 设计，以其独特的清新与纯粹赋予用户一种耳目一新的视觉享受。它通过精细地调控页面的色彩搭配、文字排版、图片精选以及留白艺术，巧妙地营造出一种极简而不失深度的视觉氛围。这种风格看似简约，实则蕴含了网页设计师深厚的匠心独运与精心策划。图 4-27 所示为简洁风格的网页 UI 设计。

图 4-27　简洁风格的网页 UI 设计

从视觉美学的视角审视，简洁风格的核心精髓在于"少即是多"的设计理念，每一处设计元素都力求精简至极，同时又不失功能性与艺术性。此类网站不仅是设计原则的和谐共生体，更是空间感与秩序美的完美展现。在页面间留白恰到好处，既赋予视觉以呼吸感，又促进了内容的清晰呈现与流畅阅读，营造出一种高雅而不失亲和力的用户体验。在这样的网页上浏览，仿佛置身于一片宁静致远的空间，让人心旷神怡、流连忘返。图 4-28 所示为简洁风格的网页 UI 设计。

游戏企业网页 UI 设计，以橙色和蓝色为主色调，同时辅以黄色渐变作为背景，营造出一种活泼、现代且富有动感的氛围。这种色彩组合既能够吸引用户的注意力，又能够体现出网站年轻、活力的品牌形象。顶部横幅作为视觉焦点，突出了企业名称，同时利用图标和文字说明快速地引导用户了解企业的主要服务或产品。下方则通过矩形区域展示具体的内容，使得用户能够一目了然地找到自己所需的信息。

环保企业网页 UI 设计，采用了绿色和蓝色作为主色调，这两种颜色都具有强烈的环保和科技感。绿色渐变背景在顶部营造出清新、自然的氛围，加入蓝色进行调和，形成了独特的视觉风格。顶部横幅、中部插画和底部信息区块划分分明，使得用户能够迅速地定位所需的信息。同时，底部导航栏的设计也充分考虑了用户的使用习惯，将重要信息放置在显眼位置。

图 4-28　简洁风格的网页 UI 设计

提示

> 由于在简洁风格中较少运用装饰性元素，所以它可以有效地减少杂乱，使网页中的信息内容一目了然，进而方便用户对网页的浏览。但是，简洁风格的页面不那么具有注目性，难以有效地形成良好的视觉冲击力，所以要求网页设计师在网页内容方面多花费心思，使内容更加吸引浏览者，以弥补简洁风格所带来的不足。

4.5.3 扁平化风格

在网页 UI 设计中，扁平化设计以其独特的魅力脱颖而出，它倡导的是一种极致的简约与直接。这一风格摒弃了繁复、累赘的装饰效果，转而采用最纯粹的色块布局，构建出既清新又高效的视觉界面。通过大幅度减少按钮与选项的数量，扁平化设计不仅让页面显得更为干净利落，更实现了操作便捷性与信息传达精准性的完美融合。图 4-29 所示为扁平化风格的网页 UI 设计。

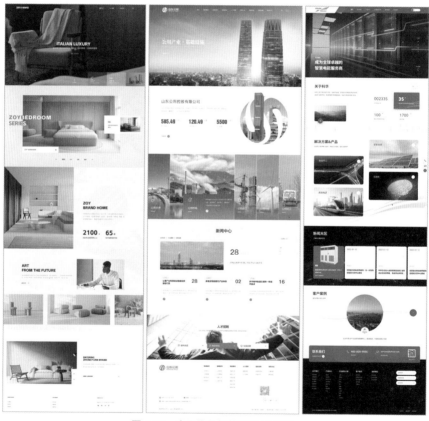

图 4-29 扁平化风格的网页 UI 设计

扁平化设计理念兴起，尤其在手机端 UI 设计中赢得了人们广泛的认可与追捧。它顺应了移动互联网时代对界面加载速度与用户体验的高要求，通过精简界面元素与减小文件体积，有效地提升了界面的加载效率与浏览流畅度。同时，扁平化设计以其直观明了的视觉表现方式，使用户能够迅速地捕捉关键信息，实现高效的信息交流与互动。图 4-30 所示为扁平化风格的网页 UI 设计。

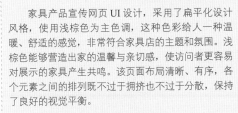

　　家具产品宣传网页 UI 设计，采用了扁平化设计风格，使用浅棕色为主色调，这种色彩给人一种温暖、舒适的感觉，非常符合家具店的主题和氛围。浅棕色能够营造出家的温馨与亲切感，使访问者更容易对展示的家具产生共鸣。该页面布局清晰、有序，各个元素之间的排列既不过于拥挤也不过于分散，保持了良好的视觉平衡。

　　科技企业网页 UI 设计，采用了扁平化设计风格，使用黑色背景与红色、白色等鲜明对比色，这种色彩搭配不仅现代且引人注目。红色作为主色调之一，具有强烈的视觉冲击力，暗示了科技与创新的氛围。白色作为辅助色，使得文字信息更加清晰、易读。该页面布局清晰，层次分明。中间部分通过多个小方块展示不同的内容，这种布局方式既节省了空间，又使得信息呈现更加有序和模块化。

图 4-30　扁平化风格的网页 UI 设计

4.5.4　插画风格

　　插画风格的显著优势在于其能够为设计注入一股鲜活、独特的生命力，如同点睛之笔，让作品瞬间脱颖而出。在这个信息爆炸、注意力稀缺的数字时代，任何一抹亮色都能成为吸引人们眼球的磁石，而插画正是那把开启视觉盛宴的钥匙。图 4-31 所示为插画风格的网页 UI 设计。

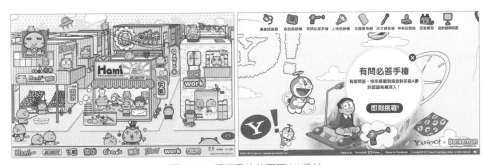

图 4-31　插画风格的网页 UI 设计

　　在精心雕琢的网页 UI 中，巧妙地融入简单却富有个性的插画元素，不仅能够赋予页面独特的视觉识别度，彰显其不凡之处，更能深刻地揭示页面的核心功能与宗旨。对于精通绘画技艺的网页设计师而言，他们深知插画作为设计语言的力量，能够跨越文字的界限，直抵人心。因此，他们不仅将插画视为一种装饰，更是将其视为提升设计价值、推动风格创新的重要手段，不遗余力地将这份艺术才能融入每一个设计项目中，为插画风格的繁荣发展贡献着自己的力量。图 4-32 所示为插画风格的网页 UI 设计。

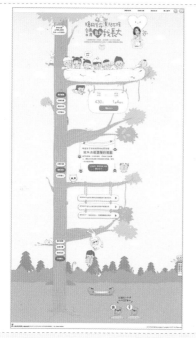

儿童慈善活动宣传网页 UI 设计，该页面采用了插画设计风格，将整个页面设计为一个大树图形，将各部分介绍内容与大树图形巧妙地结合在一起，独特的页面设计能够很好地吸引浏览者的关注，搭配卡通字，很好地表现出页面的主题。

果汁饮料产品宣传网页 UI 设计，页面采用了插画设计风格，将产品图片巧妙地融入插画中，不仅体现出该果汁的新鲜与原生态，而且每个页面中安排的文字内容较少，使浏览者仿佛在看一幅幅连环画，能够给浏览者留下深刻而美好的印象。

图 4-32　插画风格的网页 UI 设计

提示

插画设计风格可以为网页 UI 带来丰富的效果，让设计的主题更加明确，并且能够很好地展现设计作品独特的格调与创造性。在一般情况下，插画风格会应用在一些具有创意性的网页 UI 设计中。

4.5.5　怀旧风格

随着社会的持续进步与多元化发展，人们的审美观念正以前所未有的速度丰富与分化，人们对美的追求愈发细腻且多元。怀旧风格作为这股复古浪潮中的佼佼者，正广泛渗透于时装设计、广告创意、室内装潢乃至网页 UI 设计等多个领域，以其独特的魅力吸引着人们的目光。在网页设计中，构建怀旧风格的关键在于精准地把握并巧妙地融合三大核心要素，即温暖的色调搭配、复古的老照片或手绘插图，以及充满时代感的怀旧字体。图 4-33 所示为怀旧风格的网页 UI 设计。

设计师需根据网站的主题定位与内容需求精心挑选并巧妙地结合这些元素，以营造出既符合现代审美又不失怀旧情怀的页面氛围。通过色调的巧妙运用，可以瞬间将用户代入那个充满故事感的时代；老照片或手绘插图的加入，则为页面增添了独特的视觉记忆点，让人们在浏览中感受到岁月的痕迹；而怀旧字体的运用，如同穿越时空的信使，传递着过往的情怀与温度。图 4-34 所示为怀旧风格的网页 UI 设计。

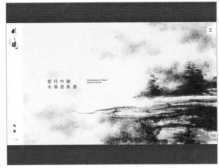

图 4-33　怀旧风格的网页 UI 设计

博物馆网页 UI 设计，网页采用了淡黄色和绿色的中国传统山水画作为背景，这种设计不仅营造出一种古典、宁静的氛围，还巧妙地融合了自然与艺术的元素，使访问者一眼就能感受到浓厚的文化气息。网页布局清晰，内容层次分明。顶部醒目的标题吸引用户的注意力，并明确了网页的主题。紧接着的古典中国画作为视觉焦点，进一步强化了文化主题，并引导用户向下浏览。

化妆品宣传网页 UI 设计，采用了当前流行的国潮风进行设计，使用深绿色和金色搭配，这两种颜色相结合营造出一种奢华、高贵的氛围。局部点缀红色，与背景形成鲜明的对比，能够立即吸引用户的注意力。标题位于页面顶部，紧接着是插画和产品展示。产品展示部分排列有序，方便用户浏览和选择。整体排版简洁明了，没有过多的干扰元素，保证了浏览者的阅读体验。

图 4-34　怀旧风格的网页 UI 设计

> **技巧**
>
> 如果想成功地构建怀旧风格的网页页面，单纯地依靠色调是远远不够的，运用照片或插图能够对营造某种特定的氛围起到更好的烘托性作用，通过图像的表现可以扩大人们的想象空间，从而让人有一种置身于另一个时代的错觉。

4.5.6　照片风格

提及将照片作为网页背景，或许有人会联想到互联网初期的简单尝试，但这一观念早已被颠覆。实际上，当照片被精心挑选并巧妙地融入网页 UI 设计中时，它们能够成为令人眼前一亮的视觉焦点，赋予网站前所未有的层次感和吸引力，让常规设计相形见绌。图 4-35 所示为照片风格的网页 UI 设计。

大家绝不能轻视照片在网页 UI 设计中蕴含的无限潜力。它们不仅是视觉艺术的展现，更是情感与信息的载体。一张生动、冲击力强且富含深意的照片，能够极大地提升用户体验；

反之，若使用不当，则可能成为破坏整体和谐、影响信息传达的负面因素。

图 4-35　照片风格的网页 UI 设计

因此，在选择照片作为网页背景时，关键在于平衡美学与功能性，确保照片不仅美观动人，还能与网页内容相辅相成，共同构建出一个既美观又高效的数字空间。这需要设计师具备敏锐的审美眼光、深厚的设计功底，以及对用户体验的深刻理解。只有这样，才能让照片在网页 UI 设计中大放异彩，成为连接品牌与用户的桥梁。图 4-36 所示为照片风格的网页 UI 设计。

照片摄影网页 UI 设计，采用左右结构的布局形式，简洁直观，左侧为网页 Logo 和垂直导航菜单选项，右侧为超大幅的摄影作品。该网页布局的核心焦点是小女孩和猫的温馨互动场景，这张照片不仅吸引了用户的注意力，还通过情感共鸣传递了品牌的温度和价值观。

旅游网页 UI 设计，网页以一幅壮丽的自然风光摄影照片作为背景，成功地吸引了用户的注意力。照片中的雪山、冰川、湖泊和薄雾等元素共同营造了一种宁静而庄严的氛围，与探险、户外活动的主题高度契合。网页的信息层次清晰，首先通过照片吸引用户注意，然后通过文字明确主题，最后通过按钮引导浏览者进行下一步操作。

图 4-36　照片风格的网页 UI 设计

技巧

设计师在使用照片风格时还有一个重要事项需要注意，如果背景图片很复杂，那么前景就需要设计得朴素一些，这样是为了避免页面过于凌乱，当然这样也能够更好地使页面信息凸显出来。

4.5.7　立体化风格

互联网常被人们视作二维世界的延伸，其平面与静态的特性使得融入空间感的网站设计显得尤为独特而引人注目。为设计注入一丝立体感，不仅能够显著提升网页的整体视觉层次，还能赋予其鲜明的个性与深邃的空间感，让用户在浏览时仿佛置身于一个更加宽广、立体的数字世界。图 4-37 所示为立体化风格的网页 UI 设计。

在网页 UI 设计中，创造三维立体效果并非遥不可及。一种高效且直观的方法是运用元素的重叠布局，特别是当这些元素中包含真实物体的图像时，通过巧妙的层次叠加，能够自然地营造出一种空间深度感。这种设计手法不仅打破了平面的界限，还激发了用户的探索欲，引导他们深入探索网页的每一个角落。

此外，添加阴影效果也是增强立体感不可或缺的技巧之一。巧妙地运用阴影，可以使页面上的元素仿佛跃然于屏幕之上，拥有真实的体积与质感。特别是当阴影呈现出自然下垂、源自物体的态势时，其营造的空间感与立体感更为强烈。图 4-38 所示为立体化风格的网页 UI 设计。

图 4-37　立体化风格的网页 UI 设计

纯净水产品宣传网页 UI 设计，页面的设计非常富有创意，完全使用大自然的色彩进行搭配处理，将大自然的图片与产品巧妙地结合在一起，表现出产品的自然、纯净。大自然的蓝天、白云、绿地、河流，能够为浏览者带来自然、健康、亲切的感受。同时通过色彩的转折与明暗对比，巧妙地在页面中表现出立体感，给人以视觉上的空间感。

茶饮品牌宣传网页 UI 设计，使用红色作为页面的主色调，给人热情、大方、开朗的印象，在背景中以不同明度的红色与深红色进行倾斜拼接，产生强烈的色彩明度对比，从而表现出页面的立体空间感，并且根据倾斜拼接的方向搭配大号倾斜的主题文字，给人一种活跃、富有动感的印象。整个网页主题突出，视觉空间感强。

图 4-38　立体化风格的网页 UI 设计

技巧

在网页 UI 设计中，构建立体风格可以借助立体的造型手法，例如通过折叠、凹凸的处理使页面产生浮雕、立体等效果。由于网页中的视觉元素是不同的，设计师可以根据实际情况对元素进行合理化的塑造，从而得到更加优秀、更具立体感的网页。

4.5.8　大字体风格

将字体置于核心地位的设计手法实则是极简主义美学的一种深化与演绎，其核心差异在于对字体艺术的极致追求与优雅展现。这种以字体为主导的设计风格不仅凸显了字形的自然韵味与美感，更是巧妙地利用字体作为信息传递的主要载体，深刻地诠释了网页的核心信息与独特气质。图 4-39 所示为大字体风格的网页 UI 设计。

图 4-39　大字体风格的网页 UI 设计

在大字体风格的网页 UI 设计中，特大号的字体不仅仅是视觉上的冲击点，更是内容层次的点睛之笔，它们自然而然地成为整个页面的视觉焦点，引导用户聚焦于最关键的信息上。因此，在运用此类设计时，精选的字体与精准的排版显得尤为重要，它们需要共同协作，以最为精炼、有力的方式传达出网站的核心价值与独特魅力。图 4-40 所示为大字体风格的网页 UI 设计。

茶文化相关网页 UI 设计，选择夜晚的森林作为背景，不仅营造了一种宁静、神秘的氛围，还与中国茶文化中追求的"静谧"和"自然"相契合。页面中间的女性形象专注而平静，她泡茶或品茶的动作与背景相得益彰，强化了茶文化的主题。女性背景中竖排的文字"茶道"，明确地传达了关于中国茶文化的主题。

律师事务所网页 UI 设计，使用红色作为背景颜色，红色代表热情、庄重和正式，非常适合用于法律相关的宣传。金色作为点缀色，用于木槌、书本和日期的装饰，增加了整体的权威性。在网页中使用大号的字体突出表现"法制宣传日"，网页主题一目了然，即传播法律知识，弘扬法治精神。

图 4-40　大字体风格的网页 UI 设计

技巧

文字是传达信息最重要的载体，在网页中运用大号字体时，要充分表现字形的自然美特点，以更好地在页面中形成焦点。此外，在运用大字体时，还应该解决好字体层级的问题。设计师在构建大字体风格的网页时，必须要全面考虑字体与页面之间的协调。

提示

网页 UI 的设计风格有很多，无论用户采用何种风格进行设计，都要与网页本身的内容相符，这样才能将想要传达的内容快速地传达给浏览者，而一味地追求花哨的页面效果，将使网页本身的核心内容被忽略掉。

4.6　课后练习

在完成本章内容的学习后，接下来通过课后练习检测一下读者对本章内容的学习效果，同时加深读者对所学知识的理解。

一、选择题

1. 在网页设计的微观世界中，（　　）不仅是构成页面的最小单元，更是引导视觉流动、强化信息层次的关键角色。

　　A. 点　　　　　　　　B. 线　　　　　　　　C. 圆形　　　　　　　D. 色彩

2. （　　）以其独特的几何形态，常让人联想到锋利与尖锐的视觉冲击力。

　　A. 圆形　　　　　　　B. 矩形　　　　　　　C. 三角形　　　　　　D. 菱形

3. （　　）在网页 UI 设计中以其固有的稳定感、舒适度和平衡视觉特性，成为布局划分的首选形态。

　　A. 圆形　　　　　　　B. 矩形　　　　　　　C. 三角形　　　　　　D. 菱形

4. 在网页 UI 设计中，巧妙地运用（　　）的粗细变化、虚实对比以及层次叠放，不仅能够极大地丰富网页的视觉空间层次，还能营造出一种轻盈、灵动而又和谐统一的视觉效果，使网页 UI 焕发出更加鲜明的个性与独特的魅力。

　　A. 直线　　　　　　　B. 斜线　　　　　　　C. 曲线　　　　　　　D. 虚线

5. （　　）的网页 UI 设计摒弃了一切冗余的装饰性元素，这种风格不仅赋予网页一种返璞归真的朴素美感，更以其简约而不失高雅的外观展现出非凡的简洁魅力与高度的实用性。

　　A. 简洁风格　　　　　B. 扁平化风格　　　　C. 极简风格　　　　　D. 怀旧风格

二、判断题

1. 直线具有动力、不安、速度和现代意识的特点。在网页 UI 设计中，直线的运用远不止于简单的线条绘制，其粗细的微妙变化、色彩的精心搭配以及方向的巧妙选择均深刻地影响着页面的整体布局与风格走向。（　　　）

2. 简洁风格的网页 UI 设计，通过精细地调控页面的色彩搭配、文字排版、图片精选以及留白艺术，巧妙地营造出一种极简而不失深度的视觉氛围。（　　　）

3. 极简风格摒弃了繁复、累赘的装饰效果，转而采用最纯粹的色块布局，构建出既清新又高效的视觉界面。（　　　）

4. 在选用照片作为网页背景时，关键在于平衡美学与功能性，确保照片不仅美观动人，还能与网页内容相辅相成，共同构建出一个既美观又高效的数字空间。（　　　）

5. 以字体为主导的设计风格不仅凸显了字形的自然韵味与美感，更是巧妙地利用字体作为信息传递的主要载体，深刻地诠释了网页的核心信息与独特气质。（　　　）

三、简答题

如何实现个性化的网页布局形态。

第 5 章
网页 UI 配色基础

　　色彩在设计作品中扮演着塑造观者第一印象的关键角色，尤其在网页 UI 设计领域，其地位无可替代。优秀的网页 UI 配色方案不仅是视觉上的盛宴，更是提升用户体验、吸引并留住潜在用户的强大工具。通过精心调配色彩组合，能够瞬间激发用户的情感共鸣，营造出与产品理念相契合的氛围，从而显著地提升产品的吸引力和市场竞争力。

　　在本章中将向读者介绍有关网页 UI 配色的基础知识，包括色彩的产生、色彩的三属性、有彩色与无彩色、色调、网页 UI 配色的联想作用和 UI 配色的基本步骤等内容，使读者更好地认识和了解网页 UI 配色。

学习目标

1. 知识目标
- 了解色彩的产生原理；
- 了解 RGB 和 CMYK 颜色；
- 了解无彩色与有彩色的区别；
- 了解色调对画面总体色彩印象的影响。

2. 能力目标
- 理解色彩三属性的作用；
- 理解不同色彩的联想和心理效果；
- 理解并掌握 UI 配色的基本步骤。

3. 素质目标
- 通过社会实践、职业实践等方式，培养实际操作能力和解决问题的能力；
- 具备提升沟通合作技能，能够与团队成员有效沟通，解决合作中的问题和冲突。

5.1 色彩基础

　　色彩作为一种最普遍的审美形式，存在于人们日常生活的各个方面，人们的衣、食、住、行、用都与色彩有着密切的关系。色彩带给人们的魅力是无限的，色彩是人们感知事物的第一要素，色彩的运用对于艺术设计来说起着决定性的作用。

5.1.1 色彩的产生

　　在人们的日常生活中，色彩以其丰富多样的形态无处不在，无论是目之所及的日常用品，还是亲手触摸的各种材质，无一不被色彩所包裹。光是色彩存在的基石，没有光的照耀，色彩便无从谈起。光是感知色彩不可或缺的先决条件，它赋予了世界以斑斓多姿的面貌。

　　色彩的产生实则是一场光与物质的互动。当光线照射到物体上时，会发生一系列复杂的光学现象：一部分光线被物体表面吸收，化为无形；一部分光线则如镜面般反射而出，保留了光的颜色信息；还有少数光线，穿透物体，展现出透射光的独特魅力。这一过程决定了物体所呈现的色彩，即物体反射出的光波颜色。因此，色彩这一视觉现象正是可见光与物质相互作用下的产物。

　　既然光是色彩存在的必备条件，那么大家应当了解色彩产生的过程。图 5-1 所示为色彩产生的过程示意图。

图 5-1　色彩产生的过程示意图

提示

　　色彩作为视觉信息，无时无刻不在影响着人类的正常生活，美妙的自然色彩刺激和感染着人们的视觉和心理情感，给人们提供丰富的视觉空间。

5.1.2　RGB 颜色

　　显示器的颜色属于光源色。在显示器屏幕内侧均匀地分布着红色（Red）、绿色（Green）和蓝色（Blue）的荧光粒子，当接通显示器电源时显示器发光并以此显示出不同的颜色。

　　显示器之所以能展现如此丰富的色彩世界，得益于光源三原色的精妙混合。通过精确地调控这 3 种颜色光波的强度与比例，显示器能够模拟出自然界中（乃至超越自然的）超过 1600 万种色彩，每一种色彩都是对红色、绿色、蓝色三原色的精妙融合与重塑。这种基于三原色混合显示的技术原理被业界广泛称为 RGB 色系或 RGB 颜色空间，它不仅是显示器色彩表现的核心机制，也是现代数字图像与视频处理领域不可或缺的色彩标准。

提示

　　显示器颜色的显示是通过红色、绿色和蓝色的叠加来实现的，所以这种颜色的混合原理被称为加法混合。

　　当红色、绿色与蓝色 3 种光线各自达到其最大能量并完美融合时，人们眼前将绽放出纯净无瑕的白色光芒。例如在舞台四周有各种不同颜色的灯光照射着歌唱中的歌手，但歌手脸上的颜色却是白色，这种颜色就是通过混合最大能量的红色、绿色和蓝色光线来实现的。

　　通过如图 5-2 所示的图形，读者可以直观地观察到在混合最强的红色、绿色和蓝色时能够得到的颜色。

提示

　　RGB 颜色模式的色彩只在计算机屏幕上显示，不用打印出来，颜色千变万化，在网页UI 设计中都需要使用 RGB 颜色模式。

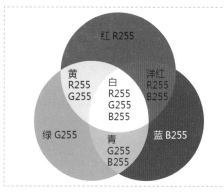

当三原色的能量都处于最大值（纯色）时，混合而成的颜色为纯白色。通过适当地调整三原色的能量值，能够得到其他色调（亮度与对比度）的颜色。

红色 + 绿色 = 黄色
绿色 + 蓝色 = 青色
蓝色 + 红色 = 洋红
红色 + 绿色 + 蓝色 = 白色

图 5-2　RGB 颜色模式

5.1.3　CMYK 颜色

印刷或打印到纸张上的颜色是通过印刷机或打印机内置的三原色和黑色来实现的，而印刷机或打印机内置的三原色是指洋红（Magenta）、黄色（Yellow）和青色（Cyan），这与显示器的三原色不同。人们穿的衣服、身边的广告画等都是物体色，印刷的颜色也是物体色。当周围的光线照射到物体上时，有一部分颜色被吸收，而余下的部分会反射出来，反射出来的颜色就是人们所看到的物体色，如图 5-3 所示。因为物体色的这种特性，物体色的颜色混合方式称为减法混合。当混合了洋红、黄色和青色 3 种颜色时，可视范围内的颜色全部被吸收而显示出黑色。

大家曾经学习过红黄蓝三原色的概念，这里所指的红黄蓝准确地说应该是洋红、黄色和青色 3 种颜色。大家通常所说的 CMYK 是由洋红、黄色和青色 3 种颜色的首字母加黑色（Black）的尾字母组合而成的，如图 5-4 所示。

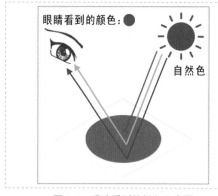

图 5-3　眼睛看到的颜色示意图

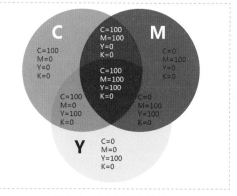

图 5-4　CMYK 颜色模式

提示

虽然现在的书本杂志和图像设计都是使用计算机设计制作的，但是在制作成印刷品之前，只是凭借着计算机屏幕上所显示的图像，并没有办法去掌握印刷出来的成品效果，所以在制作 CMYK 印刷品时最好是比照专用的 CMYK 色表。

5.2　色彩的属性

在浩瀚的色彩世界中，每一抹色彩都独一无二，几乎找不到完全相同的存在，但只要有色彩的存在，每一种色彩就会同时具有 3 个基本属性，即色相、明度和饱和度，它们在色彩学上称为色彩的三大要素或色彩的三大属性。

5.2.1　色相表现出不同的色彩印象

色相，作为色彩的独特面貌与标识，是区分万千色彩彼此间差异的核心特征。它不仅承载着色彩外在的视觉表现力，更是色彩个性的直接展现，堪称色彩的精髓与灵魂所在。

在可见光谱中，红、橙、黄、绿、蓝、紫等色相，各自拥有着独一无二的波长与频率，它们井然有序地排列着，仿佛音乐中悠扬的旋律，既遵循着自然的法则，又洋溢着和谐之美。这些色相不仅发射出色彩最本真、最原始的光芒，更是构建色彩体系不可或缺的基石，共同编织出一幅幅生动而丰富的色彩画卷。图 5-5 所示为 12 基本色相环。

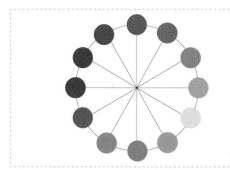

色相可以按照光谱的顺序划分为红、红橙、黄橙、黄、黄绿、绿、绿蓝、蓝绿、蓝、蓝紫、紫、红紫 12 个基本色相。

图 5-5　12 基本色相环

提示

通过在红、橙、黄、绿、蓝、紫这几种基本色相间取中间色，就可以得到 12 色相环，再进一步便可得到 24 色相环。在色相环的圆圈里，各种色相按不同角度排列，12 色相环中每一种色相间距 30°，24 色相环中每一种色相间距 15°。

5.2.2　明度体现出色彩的明暗程度

明度是眼睛对光源和物体表面的明暗程度的感觉，是一种由光线强弱决定的视觉经验。

在无彩色中，明度最高的色彩是白色，明度最低的色彩是黑色。在有彩色中，任何一种色相中都包含明度特征。不同色相的明度不同，黄色为明度最高的有彩色，紫色为明度最低的有彩色。

通过色彩的调和与融合，人们可以灵活地调控色彩的明度。任何一种颜色加入白色，都会提高明度，白色成分越多，色彩明度越高；反之，任何一种颜色加入黑色，都会降低明度，黑色成分越多，色彩明度越低。

在 UI 配色设计过程中，巧妙地调整设计元素间的色彩明度差异，是提升界面视觉引导力与层次感的艺术手段。通过精心策划的明度对比，能够确保关键信息或功能操作按钮在界面中脱颖而出，成为视觉焦点，不仅引导用户的视线流畅穿梭，还极大地增强了界面的可读性与易用性，如图 5-6 所示。

（明度差异较小）　　　　　　　　　　　　（明度差异较大）

图 5-6　通过色彩明度差异突出重要内容或功能

提示

所有色彩都包含明度属性，明度关系可以说是色彩搭配的基础，在设计过程中，色彩的明度最适合用来表现物体的立体感和空间感。

5.2.3　纯度决定了色彩的鲜艳程度

饱和度是指色彩的强度或纯净程度，也称为彩度、纯度、艳度或色度。对饱和度的精细调控，实质上是对图像色彩丰富度与鲜艳程度的艺术重塑。

饱和度直接关联着色相中灰色成分的占比，其量化标准巧妙地采用 0% ～ 100% 的百分比尺度来衡量。当饱和度滑落至 0% 的临界点时，色彩便褪去了所有的斑斓，化身为纯粹的灰色图像，展现出一种别样的静谧与和谐。反之，随着饱和度的逐步提升，色彩仿佛被赋予了生命，愈发鲜艳夺目，彩度也随之增加，为视觉世界增添了无尽的活力与魅力。图 5-7 所示为色彩饱和度阶段示意图。

同一个色相的颜色，若没有掺杂白色或黑色则被称为"纯色"。在纯色中加入不同明度的无色彩，会出现不同的饱和度。以红色为例，在纯红色中加入一点白色，饱和度下降，而明度提升，变为淡红色。继续增加白色的量，颜色会越来越淡，变为淡粉色；如果加入黑色，则相应的饱和度和明度同时下降；加入灰色，则会失去光泽。图 5-8 所示为色彩饱和度变化示意图。

图 5-7　色彩饱和度阶段示意图　　　　　　　图 5-8　色彩饱和度变化示意图

图 5-9 所示为高饱和度配色的网页 UI 设计。

使用高饱和度色彩进行配色设计，使页面中的图形效果表现突出、清晰，高饱和度的色彩搭配非常耀眼，也能够为用户带来热情、欢乐的情绪。如果降低页面中色彩的饱和度，虽然页面中的信息内容依然可见，但是页面感觉发灰，色彩的对比度不够强烈，给人一种灰蒙蒙、不清晰的感觉。

图 5-9　高饱和度配色的网页 UI 设计

> **提示**
>
> 不同色相的饱和度也是不同的，例如饱和度最高的颜色是红色，黄色的饱和度也较高，但是绿色的饱和度大约只能达到红色的一半。在人们的视觉所能够感受到的色彩范围内，绝大部分都是非高饱和度的颜色，有了饱和度的变化，才使色彩显得极其丰富。同一个色相，即使饱和度发生了细微的变化，也会立即带来色彩的变化。

5.3　有彩色与无彩色

色彩可分为无彩色和有彩色两大类。无彩色包括黑、白和灰色，有彩色包括红、黄、蓝等除黑、白和灰色以外的任何色彩。有彩色具备光谱上的某种或某些色相，统称为彩调。相反，无彩色没有任何彩调。

1．无彩色

无彩色系涵盖了经典的黑色与白色，以及这两色之间交融而成的广泛灰色序列。黑色与白色作为纯粹的色彩代表，以其极端的明度对比展现出一种质朴而强烈的力量。而灰色，则以其无尽的层次变化，从深邃的近黑到轻盈的近白，构建了一个细腻、丰富的灰度世界。无彩色系的颜色只有一种基本属性，那就是"明度"。

在视觉艺术的广阔舞台上，无彩色系不仅是平衡画面、突出主体的得力助手，更是营造氛围、表达情感的隐形推手。它们能够赋予作品以深度与广度，使画面在简洁中蕴含丰富，在平淡中展现非凡。因此，在设计中巧妙地运用无彩色系，不仅能够让画面更加丰富多彩，还能引导观者深入探索作品背后的情感与意境。图 5-10 所示为使用无彩色配色的网页 UI 设计。

2．有彩色

除了无彩色之外的其他所有色彩都属于有彩色，有彩色涵盖了基本色（如红、黄、蓝等）、它们之间精妙混合所诞生的无数新色彩，以及基本色与无彩色系成员（黑、白、灰）以不同比例融合后形成的独特色调。

有彩色系中各种颜色的性质，都是由光的波长和振幅所产生的，它们分别控制色相和色调，即明度和饱和度，有彩色系具有色相、明度和饱和度 3 个属性。

VR 眼镜宣传网页 UI 设计，以黑色为背景色，营造高端、专业的氛围，同时也能够突出前景元素。以白色为辅助色，通过简洁而有力的色彩搭配和对比，成功地营造了一种高科技、未来感的氛围。同时，色彩的情感传达也符合产品的特性和品牌形象。

在该数码产品宣传网站界面的设计中，使用不同明度的灰色与黑色的相机产品和文字相搭配，使得界面整体的色调统一，表现出很强的科技感和质感。在相机产品的镜头部分点缀少量有彩色光晕，突出产品的表现力。

图 5-10　使用无彩色配色的网页 UI 设计

有彩色系以其独特的色相、多变的明度与丰富的饱和度，成为了视觉艺术中不可或缺的元素。它们不仅能够独立成篇，讲述一个个动人的色彩故事，更能在与无彩色系的巧妙搭配中相互映衬，共同编织出一幅幅绚丽多彩的画卷。图 5-11 所示为使用有彩色配色的网页 UI 设计。

耳机产品宣传网页 UI 设计，页面背景采用了黄色、绿色和蓝色多种倾斜色块设计，这些颜色为页面增添了一抹活力和动感。黄色和绿色作为亮色，能够有效地吸引用户的注意力，同时与主色调形成对比，使页面更加生动、有趣。耳机产品主要是以黑色、白色和蓝色的配色为主，与背景既有对比又有统一。

汽车宣传网页 UI 设计，最引人注目的颜色是红色，特别是用于汽车车身的颜色。通过与背景灰蓝色的对比，成功地传达了高性能汽车的核心特性和品牌形象。页面整体配色既鲜明又和谐，既突出了产品的亮点，又保持了画面的美感，为观众带来了强烈的视觉冲击和情感共鸣。

图 5-11　使用有彩色配色的网页 UI 设计

5.4 影响画面总体色彩印象的要素——色调

色调指的是作品中色彩组合所展现出的整体倾向与和谐氛围。色调对观者的色彩感知具有深远影响，它不仅仅是视觉上的和谐统一，更是情感与氛围的传达者。在定义设计作品的色调时，需要综合考虑多个维度：色相，即色彩的基本属性，决定了色调的基本面貌；明暗对比，通过光线的强弱变化，塑造出空间的深度与层次感；冷暖倾向，则如同情感的温度计，传递着温暖、宁静或清凉、活力的不同感受；而纯度，关乎色彩的纯净与复杂，影响着整体色调的清新或浓郁。图 5-12 所示为色调示意图。

即使使用同样的色相进行搭配，色调不同也会使其传达的情感相去甚远。因此，针对不同的对象和目的进行对应的色调配色显得尤其重要。

在纯色中加入白色所形成的色调被称为"亮纯色调"，在纯色中加入黑色所形成的色调被称为"暗纯色调"，在纯色中加入灰色所形成的色调被称为"中间色调"。图 5-13 所示为亮纯、暗纯和中间色调。

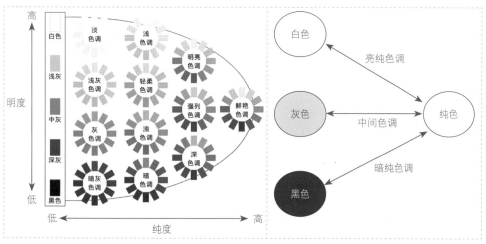

图 5-12　色调示意图　　　　　　　　　　图 5-13　亮纯、暗纯和中间色调

图 5-14 所示为使用不同色调进行配色设计的网页 UI。

乐队介绍网页 UI 设计，使用纯白色作为页面的背景颜色，表现清晰、明亮。通过黄色和紫色的巧妙搭配，成功地传达了乐队的活泼、独特和专业。黄色代表乐队的活力和激情，紫色则彰显了乐队的创意和独特风格。

传统香品宣传网页 UI 设计，使用深蓝色作为主色调，给人一种沉稳、高端且专业的印象。使用金色和黑色作为辅助色，通过简洁而高雅的色彩搭配和适度的对比度，成功地传达了品牌的专业性、高品质感和奢华感，给人传统、尊贵的印象。

图 5-14　使用不同色调进行配色设计的网页 UI

> **提示**
>
> 不掺杂任何无彩色（白色、黑色和灰色）的色彩，是最纯粹、最鲜艳的色调，效果浓艳、强烈，常用于表现华美、艳丽、生动、活跃的效果。

5.5 网页 UI 配色的联想作用

每一种颜色及其构成的独特色调，都能巧妙地触发人们内心深处的情感共鸣，这便是色彩联想效应的深刻体现。作为网页设计师，深入理解并掌握各类颜色的独特属性及其所激发的联想，是至关重要的一环。这不仅要求网页设计师具备敏锐的色彩感知能力，还需将这份理解精准地融入设计实践中，依据网站的核心目标精心挑选色彩，以确保设计作品既符合品牌调性，又能有效地触动目标用户的情感神经，从而提升用户体验，增强网站的吸引力和影响力。

5.5.1 色彩联想和心理效果

色彩以其丰富多变的心理与情感效应编织出一幅幅触动心灵产生感受与遐想的画卷。当绿色映入眼帘，它如同自然界的使者，瞬间将人们带至生机勃勃的树叶与广袤无垠的草地之中；而蓝色，则如同深邃的召唤，让人们的思绪遨游于浩瀚的海洋与清澈的流水之间。这种色彩与情感之间的微妙连接，不仅体现在视觉的直接感知上，更在内心深处悄然作响，无论是直观的色彩呈现，还是仅仅提及色彩之名，都能不由自主地激发出人们内心深处或喜爱、或排斥、或欢愉、或哀愁的细腻情感，让色彩成为心灵沟通的桥梁与情感的调色盘。

网页设计师无不致力于精准地驾驭色彩的情感力量，深知恰当地运用色彩能够为网站营造出恰如其分的心境与氛围。正确的色彩选择能够瞬间点燃用户的情感共鸣，使其在众多竞争者中脱颖而出。表 5-1 所示为色彩的感受和所传递的情感。

表 5-1 色彩的感受与所传递的情感

色 相	色彩的感受	传递的情感
红色	血气、热情、主动、节庆、愤怒	力量、青春、重要性
橙色	欢乐、信任、活力、新鲜、秋天	友好、能量、独一无二
黄色	温暖、透明、快乐、希望、智慧、辉煌	幸福、热情、复古（深色调）
绿色	健康、生命、和平、宁静、安全感	增长、稳定、环保主题
蓝色	可靠、力量、冷静、信用、永恒、清爽、专业	平静、安全、开放、可靠性
紫色	智慧、想象、神秘、高尚、优雅	奢华、浪漫、女性化
黑色	深沉、黑暗、现代感	力量、柔顺、复杂
白色	朴素、纯洁、清爽、干净	简洁、简单、纯净
灰色	冷静、中立	形式、忧郁

5.5.2 红色

红色不仅是一种蕴含特殊力量与尊贵权势的象征，还深刻地烙印在众多宗教仪式的庄严与神圣之中，成为连接心灵与超自然力量的桥梁。在中国文化中，红色更是独树一帜，自古以来便是吉祥、幸福与繁荣的代名词，承载着人们对美好生活的无限向往与祈愿。

然而，红色的魅力远不止于此，它还以其独特的视觉冲击力，将鲜血的热烈、火焰的炽热、危险的警示、战争的悲壮以及狂热的激情等极端情感紧密交织，构建了一个复杂而多维的情感世界。

红色的色感温暖，性格刚烈而外向，是一种对人刺激性很强的颜色。红色容易引起人的注意，也容易使人兴奋、激动、紧张，还是一种容易给人造成视觉疲劳的颜色。

RGB(255,0,0)	RGB(248,209,217)	RGB(240,145,146)	RGB(234,87,45)
RGB(238,123,96)	RGB(176,39,53)	RGB(214,56,74)	RGB(205,115,102)
RGB(214,85,107)	RGB(214,54,45)	RGB(230,27,100)	RGB(139,10,57)

在红色中加入少量的黄色，会使其热力强盛，趋于热烈、激情；在红色中加入少量的蓝色，会使其热性减弱，趋于文雅、柔和；在红色中加入少量的黑色，会使其性格变得沉稳，趋于厚重、朴实；而在红色中加入少量的白色，会使其性格变得温柔，趋于含蓄、羞涩、娇嫩。图 5-15 所示为使用红色作为主色调的网页 UI 设计。

　　牛肉食品宣传网页 UI 设计，以红色为主色调，这是一种非常强烈且引人注目的颜色，不仅成功地吸引了用户的视线，还营造出一种积极、热情的氛围。以黑色和白色作为对比色和辅助色。通过鲜明的色彩对比和协调的色彩搭配，成功地实现了高度的视觉冲击力和良好的信息传达效果。网页整体配色方案还传达了公司的活力、热情和专业性等积极印象。

　　运动鞋网页 UI 设计，以粉红色作为主色调，这是一种温柔、甜美且富有女性化的颜色。粉红色背景与运动鞋的颜色相呼应，营造出和谐、统一的视觉效果；同时，不同颜色的运动鞋和底部的小方块又增加了页面的亮点和层次感。整个页面的色彩搭配既符合女性消费者的审美需求，又能够有效地传达产品的特点和优势。

图 5-15　使用红色作为主色调的网页 UI 设计

5.5.3　橙色

　　橙色是一种温馨而充满活力的色彩，也被称作橘黄色或橘色，它以明亮而华丽的特质，在色彩的情感谱系中独树一帜。橙色不仅象征着健康与兴奋，还蕴含着温暖、欢乐与动人的情感深度，仿佛能瞬间点燃周围的活力氛围。

RGB(237,108,0)	RGB(221,171,75)	RGB(235,97,42)	RGB(206,152,96)
RGB(202,97,68)	RGB(143,84,61)	RGB(230,183,41)	RGB(252,221,174)

RGB(241,141,0)	RGB(207,175,124)	RGB(249,194,112)	RGB(180,112,45)
RGB(240,170,0)	RGB(231,165,60)	RGB(201,115,54)	RGB(142,86,36)

橙色在空气中的穿透力仅次于红色，而色感比红色更暖，鲜明的橙色应该是色彩中给人感觉最暖的颜色，不过橙色也是容易造成视觉疲劳的颜色。在东方文化中，橙色象征着爱情和幸福，充满活力的橙色会给人健康的感觉，并且橙色还能够增强人们的食欲。图 5-16 所示为使用橙色作为主色调的网页 UI 设计。

企业宣传网页 UI 设计，橙色和黄色的渐变背景营造了一种温暖、活泼且充满活力的氛围。这两种颜色都属于暖色调，能够迅速吸引用户的注意力，并传达出积极、乐观的情感。页面辅以白色、灰色等色彩，成功地传达了珠宝品牌的时尚、高端形象以及积极、乐观的情感氛围。

水果网页 UI 设计，使用橙色作为主色调，营造出温暖、活泼和充满活力的氛围。以绿色、白色和蓝色作为辅助色，通过鲜明的色彩对比与和谐的色彩搭配，成功地传达了水果的新鲜感、活力和健康属性。整个网页配色方案不仅符合水果广告的主题和氛围，还能够激发观众的购买欲望和兴趣。

图 5-16　使用橙色作为主色调的网页 UI 设计

5.5.4　黄色

黄色，作为光谱中光感最为强烈的色彩，其独特魅力在于能够瞬间照亮周围，赋予人以光明、辉煌、轻快与纯净的深刻印象。在历史的长河中，黄色以其无可比拟的辉煌气质，成为帝王与宗教领域中的尊贵象征。从服饰的华美到家具的精雕细琢，从宫殿的宏伟壮丽到庙宇的神圣庄严，黄色无不以其独有的色彩语言传递着崇高、智慧、神秘、华贵、威严与仁慈的深远意境。

RGB(255,241,0)	RGB(255,240,125)	RGB(235,205,54)	RGB(222,197,0)
RGB(242,208,111)	RGB(255,225,128)	RGB(235,214,121)	RGB(251,214,70)
RGB(255,237,63)	RGB(238,240,164)	RGB(238,199,0)	RGB(213,148,0)

RGB(210,167,27)	RGB(178,154,73)	RGB(152,112,16)	RGB(119,90,0)

黄色会让人联想到酸酸的柠檬、明亮的向日葵、香甜的香蕉、淡雅的菊花，同时在心理上产生快乐、明朗、积极、年轻、活力、轻松、辉煌、警示的感受。

明亮的黄色更是成为传递甜蜜幸福与喜庆富饶的使者。众多艺术家巧妙地运用这一色彩，将作品中洋溢的喜悦与繁荣展现得淋漓尽致，让人仿佛置身于欢庆的海洋，心灵得到了前所未有的滋养与慰藉。此外，黄色还以其独特的视觉冲击力在画面中发挥着强调与突出的作用，引导着观者的视线，深化了作品的主题与意境。图 5-17 所示为使用黄色作为主色调的网页 UI 设计。

黄色非常适合作为美食产品的配色，能够给人带来香甜、美好的印象。该蛋糕网页 UI 设计，使用高明度的黄色与白色搭配，使界面的表现非常明亮、清爽，搭配同样高明度的蓝色标题文字，整体表现柔和、美好，让人感觉舒适。	该汽车产品定位时尚年轻用户，所以在该网页 UI 设计中使用黄色作为主色调，突出表现产品的活力与时尚个性，与接近黑色的深灰色相搭配，对比强烈，界面的视觉效果非常整洁。在黄色背景上搭配黑色文字，在黑色背景上搭配黄色文字，形成呼应。

图 5-17　使用黄色作为主色调的网页 UI 设计

5.5.5　绿色

绿色是人们在自然界中看到的最多的色彩，让人立刻联想到碧绿的树叶、新鲜的蔬菜、微酸的苹果、鲜嫩的小草、高贵的绿宝石等。在心理层面，绿色激发的是对健康、新鲜与生长的无限向往，它如同自然界中一股清新的气流，拂过心田，带来舒适与宁静的感受。绿色更是青春、和平与安全的象征，它如同春天的使者，宣告着新生与希望的到来，让人心生向往，倍感安宁。

RGB(42,167,56)	RGB(171,205,3)	RGB(74,180,100)	RGB(0,141,91)
RGB(79,128,45)	RGB(207,219,0)	RGB(0,116,60)	RGB(54,89,58)
RGB(128,170,53)	RGB(106,189,121)	RGB(111,186,44)	RGB(197,218,94)

绿色，被誉为生命的原色，它不仅是大自然赋予世界的生动笔触，更是农业、林业与畜牧业繁荣昌盛的标志性色彩。绿色，深刻地描绘了生物界从诞生到消逝的壮丽轮回。在这个过程中，绿色以它千变万化的姿态诉说着季节的更迭与生命的轨迹。

在春日的晨曦中，黄绿、嫩绿、淡绿轻轻铺展，象征着稚嫩、生长、青春与蓬勃的生命力，预示着一个充满希望与活力的新开始。随着夏日的热烈降临，艳绿、盛绿、浓绿成为主角，它们展现了自然界最为茂盛、健壮与成熟的景象，让人感受到生命的无限张力与辉煌。当秋风渐起，灰绿、褐绿悄然登场，它们带着一丝沉静与萧瑟，暗示着农作物的衰老与季节的更替，也预示着自然界又一个轮回的开始。图 5-18 所示为使用绿色作为主色调的网页 UI 设计。

果汁饮料宣传网页 UI 设计，使用中等明度的绿色作为页面的背景颜色，与果汁产品自身的绿色相呼应，很好地体现了果汁产品的新鲜、纯天然品质，搭配高饱和度的橙色图标和按钮，突出重要功能选项的表现，活跃页面氛围。

清新又自然的绿色系色调常给人带来新鲜和自然的联想。在该网页 UI 设计中，使用浅绿色作为主色调，给人一种清新、自然、舒适的感觉，与护肤品所追求的自然、健康理念相契合。以黄色、白色作为辅助色，体现了品牌的清新、自然风格，又通过色彩搭配和对比增强了页面的视觉效果与情感表达。

图 5-18　使用绿色作为主色调的网页 UI 设计

5.5.6　青色

青色，巧妙地融合了草绿色的盎然生机与蓝色的宁静、清新，创造出一种既自然又略带超脱的色彩体验。尽管在自然界中青色并不常见，但正因为这份稀有，赋予它一种独特的人工雕琢之美。

青色所散发的凉爽与清新，如同山间清泉拂过心田，瞬间驱散周围的燥热与浮躁，引领人们步入一片静谧而深远的清凉之境。在这份静谧之中，青色仿佛拥有一种魔力，能够温柔地抚平人们内心的波澜，让原本兴奋或躁动的心情逐渐归于平静，找回那份宁静与和谐。

RGB(0,255,222)	RGB(42,180,158)	RGB(43,141,126)	RGB(0,101,80)
RGB(136,193,186)	RGB(167,147,221)	RGB(132,218,191)	RGB(43,238,185)
RGB(153,204,196)	RGB(90,247,223)	RGB(75,171,156)	RGB(25,109,96)

青色用作绿色或蓝色主色调之间的过渡色，不仅能够实现色彩间的和谐过渡，还能有效地中和过于鲜亮的色彩，为页面增添一抹温婉与平衡。青色与黄色、橙色等颜色搭配，可以营造出可爱、亲切的氛围；青色与蓝色、白色等清新的色彩搭配，则共同绘制出一幅幅令人心旷神怡的画面；青色与黑色、灰色等经典色彩搭配，为 UI 设计增添了一抹独特的艺术气息，这种搭配不仅凸显了设计的深邃与高雅，还赋予了页面以更强的视觉冲击力。图 5-19 所

示为使用青色作为主色调的网页 UI 设计。

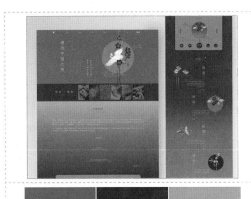

传统工艺头饰网页 UI 设计，使用深青色作为页面的主色调，营造了一种沉稳、自然且富有中国传统韵味的氛围，非常适合用于表现"中国风"主题。另外，使用金色和白色作为辅助色进行点缀和衬托。整个配色方案既体现了中国传统文化的韵味和深度，又通过色彩搭配和对比增强了页面的视觉效果与情感表达。

医疗保健网站 UI 设计，白色的背景与不同明度的青色相搭配，使页面表现出清爽、洁净与平和，给人以安心感。在青色的背景上搭配纯白色的图形与文字，给人一种清爽感，并且表现效果非常清晰。

图 5-19 使用青色作为主色调的网页 UI 设计

5.5.7 蓝色

蓝色会使人很自然地联想到大海和天空，自然而然地唤起人们内心对爽朗、开阔与清凉的向往。作为冷色系中的典范，蓝色不仅传递出稳固与安宁的强烈信号，还能够表现出和平、淡雅、洁净与可靠等多重情感。在当今的数字世界中，蓝色及其与青色的精妙搭配，已成为众多科技类网站与 APP 的首选色彩方案。

RGB(182,219,237)	RGB(43,186,217)	RGB(126,206,244)	RGB(0,165,211)
RGB(23,155,201)	RGB(12,52,132)	RGB(88,149,208)	RGB(63,174,224)
RGB(153,212,244)	RGB(18,122,182)	RGB(0,91,170)	RGB(58,155,210)
RGB(0,64,152)	RGB(39,77,127)	RGB(0,69,103)	RGB(79,167,198)

高饱和度的蓝色，以其鲜明的色泽能够瞬间捕捉视线，赋予空间或设计以整洁明快、充满活力的印象，激发人们的清新与愉悦感受。相反，低饱和度的蓝色则展现出一种内敛而深邃的都市现代感，它巧妙地融入周围环境，营造出一种沉稳而不失时尚的氛围。

蓝色与绿色、白色的搭配象征蓝天、绿树、白云，在人们的现实生活中也是随处可见的，带给人纯天然的感受。选择明亮的蓝色作为主色调，配以白色的背景和灰亮的辅助色，可以使页面表现干净而整洁，给人庄重、充实的印象。蓝色、青色、白色的搭配可以使页面看起来非常干净、清澈。图 5-20 所示为使用蓝色作为主色调的网页 UI 设计。

　　牛奶宣传网页 UI 设计，使用蓝色作为主色调，给人一种清新、信任和专业的感觉，蓝色很适合用于食品和健康产品的宣传。蓝色和绿色的搭配传达了一种清新、自然和健康的情感，与牛奶的纯净和天然属性相吻合。加入白色，不仅符合消费者对健康食品的心理预期，还能够激发消费者的购买欲望和信任感。

　　男鞋电商网页 UI 设计，使用蓝色作为主色调，不仅贯穿于页面的顶部背景，还通过其他元素的点缀，如文字、图标等，强化了整体的统一性和协调感，突出产品的运动风格。辅以白色和黑色，通过简洁而富有层次的色彩搭配和对比，成功地传达了产品的运动风格和品牌魅力。

图 5-20　使用蓝色作为主色调的网页 UI 设计

> **提示**
>
> 　　自然界中蓝色的地方往往是人类所知甚少的地方，如宇宙和深海，令人感到神秘莫测，现代人把它们作为科学探讨的领域，因此蓝色成为现代科学的象征色，给人冷静、沉思、智慧的感觉，象征着征服自然的力量。

5.5.8　紫色

　　紫色是人们在自然界中较少见到的色彩，其独特魅力总能让人心生遐想，联想到那优雅的紫罗兰在微风中轻摇生姿，或是芬芳四溢的薰衣草田在夕阳下泛着迷人的紫光。正因为这份稀有与独特，紫色自然而然地散发出一种高贵而典雅的气息，仿佛是尊贵与奢华的象征。

　　在可见光谱中，紫色光的波长最短，尤其是看不见的紫外线更是如此，这一特性使得人眼对紫色光谱中微妙变化的捕捉变得尤为困难，长时间注视易引发视觉疲劳。当紫色以灰暗的面貌呈现时，它仿佛承载了伤痛与疾病的阴影，不经意间触动着人们内心深处对忧郁、痛苦与不安的共鸣。

RGB(127,16,132)　　　　RGB(166,74,151)　　　　RGB(165,0,130)　　　　RGB(196,134,184)

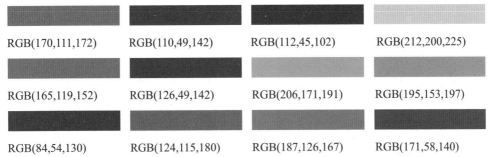

RGB(170,111,172) RGB(110,49,142) RGB(112,45,102) RGB(212,200,225)

RGB(165,119,152) RGB(126,49,142) RGB(206,171,191) RGB(195,153,197)

RGB(84,54,130) RGB(124,115,180) RGB(187,126,167) RGB(171,58,140)

　　浅紫色则是鱼胆的颜色，容易让人联想到鱼胆的苦涩。最令人心动的，莫过于那明亮的紫色，它犹如天边初升的霞光，绚烂而温暖；又如原野上盛开的鲜花，生机勃勃，充满希望；更似情人眼眸中闪烁的光芒，深邃而迷人，足以触动心灵最柔软的部分，让人沉醉于那份纯粹而美好的情感之中。因此，明亮的紫色常被赋予爱情的象征，它不仅是情感的传递者，更是心灵深处美好愿景的寄托。图 5-21 所示为使用紫色作为主色调的网页 UI 设计。

鲜花网页 UI 设计，使用明亮、柔和的紫色作为页面的主题色，给人一种雅致与美好的印象，并且与大图相呼应。与浅灰色背景相搭配，页面表现非常平和、舒适，给人淡雅、舒适、美好的印象。点缀少量明亮的黄色，为页面增添活力，也有效地突出相应信息内容的表现。	蛋糕企业宣传网页 UI 设计，紫色作为整个页面的主色调，营造了一种高贵、神秘且略带浪漫的氛围。白色和浅灰色作为辅助色，通过其纯净和简洁的特点，进一步强化了品牌的正面形象。这种色彩搭配不仅符合用户的审美需求，还能够激发用户的购买欲望和信任感。

图 5-21　使用紫色作为主色调的网页 UI 设计

5.5.9　黑色

　　在商业设计中，黑色具有高贵、稳重、科技的意象，科技产品（如电视、跑车、摄影机、音响、仪器）的色彩大多采用黑色。黑色还具有庄严的意象，因此也常用在一些特殊场合的空间设计中，生活用品和服饰大多使用黑色塑造高贵的形象。黑色也是一种永远流行的主要颜色，适合与大多数色彩搭配使用。

　　黑色本身是无光、无色的，当作为背景色时，能够很好地衬托出其他颜色，尤其与白色对比时，对比非常分明，白底黑字或黑底白色的可视度最高。图 5-22 所示为使用黑色作为主色调的网页 UI 设计。

设计服务网页 UI 设计，黑色为整个页面提供了一个深邃、神秘的基调。同时，黑色也传达了一种现代、简洁的设计风格。橙色蝴蝶则象征着变化、创新和活力；白色文字给人一种纯净、简洁的感觉；红色的点缀增加了页面的动感和趣味性。这些色彩共同构成了整个页面的情感基调，既体现了现代简洁的设计风格，又传达了变化与恒定之间的主题思想。

相机产品宣传网页 UI 设计，黑色为网页提供了一个沉稳、高端的背景。黑色不仅与相机产品的颜色相呼应，还增强了相机作为页面焦点的效果。绿色和白色作为辅助色，通过简洁的色彩搭配和对比鲜明的视觉效果成功地传达了该品牌相机的专业形象和高端风格。同时，绿色和白色的点缀也为页面增添了一抹生机和活力，提升了用户的浏览体验。

图 5-22　使用黑色作为主色调的网页 UI 设计

5.5.10　白色

在商业设计中，白色具有高级、科技的意象，通常需要和其他色彩搭配使用。纯白色给人寒冷、严峻的感觉，并且白色还具有洁白、明快、纯真、清洁与和平的情感体验。

在实际应用中，白色很少作为单一色彩孤立呈现，而是巧妙地融入多元色彩体系中，通过与其他颜色的混合与碰撞，创造出既和谐又富有层次感的视觉效果。在 UI 设计中，纯白色背景因其极高的简洁度与低干扰性，成为展示内容、提升阅读体验的理想选择。它能够最大限度地减少背景对内容的干扰，让用户能够更加聚焦于核心信息，从而有效地提升信息的传递效率与用户的满意度。图 5-23 所示为使用白色作为主色调的网页 UI 设计。

该女装品牌网页 UI 使用了极简的设计风格，使用白色和浅灰色作为页面的背景颜色，给人感觉纯净、高雅。在页面中几乎没有任何的装饰元素，有效地突出了产品和相关选项的表现，页面内容非常清晰。在产品列表页面中的产品分类选项使用了尺寸较大的浅灰色矩形背景，并且为当前所选择的分类选项应用深灰色矩形背景来突现，给用户非常清晰的视觉流程。

图 5-23　使用白色作为主色调的网页 UI 设计

5.5.11　灰色

灰色具有柔和、高雅的意象，随着配色的不同可以很动人，也可以很平静。灰色较为中性，象征知性、老年、虚无等，使人联想到工厂、都市、冬天的荒凉等。在商业设计中，许多高科技产品，尤其是和金属材料有关的产品，几乎都采用灰色来传达高级、科技的形象。由于灰色过于朴素和沉闷，在使用灰色时，大多通过不同的层次变化组合或搭配其他色彩，使其不会有呆板、僵硬的感觉。图 5-24 所示为使用灰色作为主色调的网页 UI 设计。

　　家居产品网页 UI 设计，使用无彩色进行搭配，中灰色作为页面的背景颜色，产品信息部分则搭配了浅灰色的背景，增强了页面的色彩层次感。该网页中的家居产品多采用黑、白、灰或原木色，无彩色的网页 UI 配色与产品色彩相呼应，表现出简洁、自然、纯粹的印象。

　　在科技企业网页 UI 设计中，浅灰色为整个页面提供了一个干净、明亮的基础。浅灰色也象征着简洁、现代和高科技，与网页中展示的机器人手臂产品相得益彰。红色点缀则增强了页面的活力和动感，激发了用户的购买欲望；黑色文字提供了清晰、易读的信息，增加了用户的信任感。

图 5-24　使用灰色作为主色调的网页 UI 设计

5.6　UI 配色的基本步骤

　　网页 UI 给用户留下的第一印象，既不是页面中丰富的内容，也不是合理的版式布局，而是页面的色彩。色彩的视觉效果非常明显，一个 UI 设计得成功与否，在某种程度上取决于设计师对色彩的运用和搭配，配色决定了 UI 留给用户的第一印象。

5.6.1　明确产品的定位与目标

　　在为 UI 选择合理的配色方案之前，首先需要明确该产品的定位与目标，确定 UI 的核心功能和主要组成元素，这样才能够更加合理地选择配色方案。

　　产品存在的意义在于可以满足用户的特定需求。例如微信解决了用户相隔万里却想亲密沟通的交流需求；微博满足了平凡用户可以与明星在同一个平台并可以享有明星般关注的社交心理需求；美食类 APP 应用则解决了用户足不出户就能享有美食的需求。产品的核心价值就是为用户解决特定的需求，也可以理解为产品的核心竞争力就是满足用户的特定需求。因此设计师在开始进行 UI 设计之前，应该对产品的核心功能定位有足够的认识。

　　如果所开发的产品以文字信息为主（例如新闻、社交类 APP 应用或者电子书），这样的产品 UI 比较适合使用浅色调的背景颜色，因为页面内容的可读性占据用户体验的首要位置。图 5-25 所示为使用浅色背景的网页 UI 设计。

茶文化相关网页 UI 设计，以纯白色作为页面的背景颜色，页面中的文字内容非常清晰、易读。茶壶的棕色是网页中的主导色彩之一，这种棕色给人一种自然、古朴的感觉，与茶具的历史渊源和茶文化的底蕴相呼应。用户在浏览网页时能够感受到茶文化的魅力和宁静、和谐的氛围。

地板企业网页 UI 设计，橙色作为网页的主色调之一，为整个页面提供了鲜明的视觉焦点，传递了热情、创新和温暖的情感。白色作为网页的背景色和辅助色，与橙色形成了良好的对比。白色背景则给人一种纯净、简洁的感觉，有助于提升用户的阅读体验。黄色作为点缀色，为页面增添了一抹亮色和活力，使得整个页面更加生动、有趣。

图 5-25　使用浅色背景的网页 UI 设计

提示

通过实验研究发现：深色文字在浅色背景上表现得更好。因为浅色会增加页面的空间感，不会显得厚重、拥挤，用户更容易集中注意力到内容上。

如果所开发的产品需要在视觉上做到具有很强的吸引力，那么产品页面选用深色调的背景更加合适。因为深色调背景虽然显得很厚重，但是因为其吸收了页面中其他元素的光，更有利于表现非文字形式的内容。因为产品的内容不仅仅只和文字相关，还有图标、图像、符号和数字等都属于内容的范畴。此外，深色背景会给产品营造出一种特有的神秘感和奢华感，可以从更深的层次来反映内容。图 5-26 所示为使用深色背景的网页 UI 设计。

耳机产品网页 UI 设计，深灰色为整个页面奠定了一个沉稳、专业的基调。深灰色不仅具有现代感，还能有效地突出页面上的其他元素，使它们成为视觉焦点。通过浅灰色、白色、黑色和银色等辅助色调的巧妙运用，创造了一个现代、简洁且富有层次感的页面效果。同时，对比色和点缀色的合理使用也增强了页面的视觉吸引力和用户体验。

VR 眼镜产品宣传网页 UI 设计，以黑色为主，辅以深蓝色渐变、白色和灰色，构成了一个既神秘又充满未来感的视觉体验。黑色背景为产品提供了最佳的展示空间，而深蓝色渐变增强了页面的科技感和层次感。白色文字信息清晰、可读，引导用户关注产品名称和关键卖点。灰色细节则进一步提升了产品的整体品质感和现代感。

图 5-26　使用深色背景的网页 UI 设计

5.6.2　确定目标用户群体

通过分析产品的目标受众群体，往往能够让设计师更清楚需要先做什么后做什么。了解潜在用户，了解他们想从网站或者 APP 中获得什么，这样才能够为设计出可用、有用且具有吸引力的 UI 奠定坚实的基础。

中老年人会更加喜欢以浅色为主的配色方案，这样的页面对中老年人而言更加直观，也更加易于导航。年轻人更加喜欢深色背景的页面设计，因为其表现更加时尚、现代。青少年和儿童对于欢快、明亮的页面是没有任何抵抗力的，一些有趣的细节设置也可以很好地吸引低年龄段用户的关注。以目标受众群体为中心来设计，可以让设计决策更加明晰。图 5-27 所示为目标用户群体明确的网页 UI 设计。

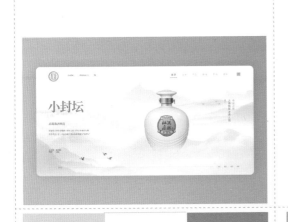

白酒宣传网页 UI 设计，背景采用淡雅的山水画风格，以淡墨、浅绿、米白等柔和色调为主，营造出一种宁静、雅致的氛围；以白色和金色为主要色调来突出酒瓶和品牌信息。通过色彩的对比和协调运用，网页不仅传达了传统文化的韵味和品牌的尊贵感，还确保了信息的可读性和用户体验的舒适度。

乐队宣传网页 UI 设计，使用了黄色和紫色作为主色调，这两种颜色在视觉上形成了鲜明的对比，但又能够和谐共存。黄色通常代表活力、温暖和明亮，而紫色象征着神秘、高贵和创意。加入白色进行调和，形成了现代而活泼的视觉效果。色彩对比强烈但和谐共存，传达了活力与创新的氛围以及艺术性与审美价值。

图 5-27　目标用户群体明确的网页 UI 设计

5.6.3　分析竞争对手

市场上不是只有你这一款产品，你必须要面对许多同类型产品的竞争。所以需要对市场上同类型的产品进行调研分析，通过调研可以知道哪些设计方案已经被竞争对手所使用，应该放弃已经被竞争对手使用过的设计方案，否则最坏的结果就是，等到产品进入了测试阶段，即将上线，才发现市场上已经有了一个极其类似的产品。所以说对市场进行调研，在产品研发早期阶段就可以放弃一些过时的设计方案，避免无用功。

配色方案的选取将会直接影响产品在竞争中看起来是否足够突出，会影响用户初次使用的时候是否愿意与之互动。花费时间在探索已有的同类竞争对手产品上，有助于节省时间和精力。图 5-28 所示为区别于竞争对手的网页 UI 设计。

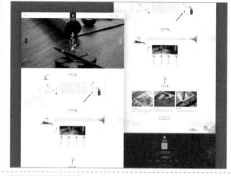

建筑装饰企业网页 UI 设计，使用红色作为页面的主色调，传达了强烈的视觉冲击力和活力感，同时也符合"中国艺术"的主题，增强了页面的吸引力和辨识度。灰色作为背景色和辅助色，为页面提供了稳定和专业的氛围，使得用户能够更加专注于页面上的内容和信息。整个配色方案既符合中国艺术的主题要求，又满足了现代网页设计的审美标准。

书法协会网页 UI 设计，使用浅灰色作为页面的背景颜色，在页面中多处运用富有中国传统书法韵味的素材进行搭配，并且页面中的少量文字内容采用了传统书法的垂直方式进行排版，表现出浓厚的中国元素的韵味和美感。在页面局部点缀红色，突出重要信息的表现，同时也传达了该书法协会的专业性和高品质形象。

图 5-28　区别于竞争对手的网页 UI 设计

5.6.4　产品测试

基于用户群体、可用性、吸引力等不同因素确定配色方案的大概方向之后，每个设计方案都应该在不同分辨率、不同屏幕以及不同条件下进行适当的测试。在将产品投放市场之前，不间断地测试会揭示出配色方案的强弱，如果设计方案的效率低下，可能会给用户留下不好的第一印象。图 5-29 所示为响应式网页 UI 设计。

这是一个响应式的宠物用品网页 UI 设计，使用白色作为页面的背景颜色，表现出清新、自然的视觉风格，也使得页面中的商品表现更加直观，在页面中局部使用高饱和度的黄橙色作为主题色，突出重要信息的表现，同时也使得页面表现更加活跃，体现出宠物的可爱。

图 5-29　响应式网页 UI 设计

5.7 课后练习

在完成本章内容的学习后，接下来通过课后练习检测一下读者对本章内容的学习效果，同时加深读者对所学知识的理解。

一、选择题

1. 在以下选项中，（　　　）不属于色彩的三大要素。

　　A. 色相　　　　　　　B. 明度　　　　　　　C. 色调　　　　　　　D. 饱和度

2. 在下列颜色中，亮度最高的颜色是（　　　）。

　　A. 红色　　　　　　　B. 黄色　　　　　　　C. 绿色　　　　　　　D. 蓝色

3. 在彩色系中，（　　　）的明度最低。

　　A. 紫色　　　　　　　B. 黄色　　　　　　　C. 白色　　　　　　　D. 黑色

4. 红色是一种引人注目的颜色，对人的视觉器官具有较为强烈的作用，它通常象征着（　　　）。

　　A. 和平　　　　　　　B. 严肃　　　　　　　C. 思考　　　　　　　D. 喜庆

5. 让人感觉最温暖的颜色是（　　　）。

　　A. 红色　　　　　　　B. 橙色　　　　　　　C. 黄色　　　　　　　D. 绿色

二、判断题

1. 色相，作为色彩的独特面貌与标识，是区分万千色彩彼此间差异的核心特征。（　　　）

2. 饱和度是指色彩的强度或纯净程度，也称为彩度、纯度、艳度或色度。（　　　）

3. 无彩色系的颜色只有一种基本属性，那就是"饱和度"。（　　　）

4. 不掺杂任何无彩色（白色、黑色和灰色）的色彩，是最纯粹、最鲜艳的色调，效果浓艳、强烈，常用于表现华美、艳丽、生动、活跃的效果。（　　　）

5. 浅色文字在深色背景上表现得更好。（　　　）

三、简答题

请简单描述网页 UI 配色的基本步骤。

第6章
网页 UI 元素的配色

　　色彩的视觉冲击力极为显著，是衡量网页 UI 设计成功与否的因素之一。设计师对色彩的巧妙运用与精准搭配，直接决定了网页能否在第一时间吸引并留住用户的目光。作为平面图形设计的重要分支，网页 UI 设计尤为强调色彩的力量，因为色彩不仅是视觉信息的首要载体，更是激发情感共鸣、塑造品牌形象的有效工具。

　　本章将向读者介绍各种网页元素的配色方法，包括色彩在网页 UI 中所扮演的角色、网页元素的色彩搭配、根据受众群体选择网页配色、根据商品销售阶段选择网页配色、如何打造成功的网页配色和常见网站配色等内容，使读者能够理解并掌握网页元素的配色方法和技巧。

学习目标

1. 知识目标
- 理解各种网页元素的色彩搭配方法；
- 了解打造成功网页配色的方法；
- 了解常见网站配色。

2. 能力目标
- 理解主题色、背景色、辅助色和点缀色的作用；
- 理解根据受众群体选择网页配色的方法；
- 理解根据商品销售阶段选择网页配色的方法。

3. 素质目标
- 掌握所学专业的基础知识和核心技能，能够熟练地运用相关工具和技术；
- 具备科学的世界观、人生观和价值观，以及良好的职业道德和行为规范。

6.1　色彩在网页 UI 中所扮演的角色

　　一个成功的配色方案不仅能够强化产品的品牌形象，还能引导用户的情绪，提升用户体验，从而在众多网页中脱颖而出，成为用户心中的首选。因此，在网页 UI 设计中，恰到好处的配色不仅是视觉艺术的展现，更是提升产品竞争力和用户黏性的关键所在。

6.1.1　主题色——传递 UI 主题

　　在网页 UI 设计中，秉持和谐、均衡与重点突出的美学原则，精心地组合多样色彩，旨在创造出视觉上既平衡又富有吸引力的页面。

主题色作为 UI 设计中的核心色彩元素，扮演着至关重要的角色。它不仅定义了网页大面积的背景基调，还贯穿于装饰图形、视觉焦点等关键区域，是构建整体视觉印象的基石。在网页 UI 的配色设计中，主题色无疑占据了中心地位，成为其他色彩搭配与运用的出发点和参照点。

设计师在选定主题色时需深思熟虑，确保其既能准确地传达产品的品牌形象与核心理念，又能与用户的审美偏好及心理预期相契合。一旦确定了主题色，后续的配色工作便需围绕其展开，通过精心地调配辅助色与点缀色，营造出既统一、和谐又富有层次感的视觉效果。图 6-1 所示为主题色在网页 UI 设计中的表现。

旅游网站 UI 设计，使用精美的风景摄影图片作为页面的背景，并且在背景图片上覆盖半透明的深蓝色，深蓝色作为页面的主题色，与背景中的海边摄影图片相结合，给人一种宁静、舒适的印象，局部点缀高饱和度的橙色突出重点内容，整个页面的表现非常简洁、清晰。

在汽车宣传网页 UI 设计中，主题很明显就是汽车产品本身，而车身的高饱和度蓝色就是该页面的主题色，与该网站页面接近黑色的深灰蓝色背景形成强烈的明度和纯度对比，有效地突出了主题产品的表现效果，使网页 UI 的表现生动而富有活力。

图 6-1　主题色在网页 UI 设计中的表现

UI 设计中的主题色主要是由 UI 中整体栏目或中心图像所形成的中等面积的色块，它在页面空间中具有重要的地位，通常形成 UI 的视觉中心，如图 6-2 所示。

 很大的面积通常是页面的背景色

 面积过小很难成为页面的主角

 主题色通常在页面中占据中等面积

图 6-2　主题色在 UI 中所占面积的示意图

主题色的选择并非随意而为，而是需要根据设计目标、品牌形象及用户心理等多方面因素进行综合考虑。主题色的选择通常有两种方式：需要产生鲜明、生动的效果，应该选择与背景色或者辅助色呈对比的色彩；需要整体协调、稳重，则应该选择与背景色、辅助色相近的相同色相颜色或邻近色。图 6-3 所示为主题色在网页 UI 设计中的表现。

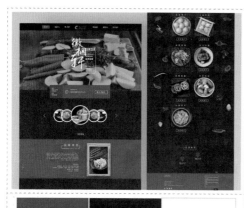

餐饮美食网页 UI 设计，黑色作为背景色，这种选择使得食物元素更加突出。黑色本身具有高贵、专业的质感，同时也为其他色彩提供了良好的衬托。红色作为该页面的主题色，与黑色背景形成鲜明的对比，不仅增加了页面的活力，还使得整体视觉效果更加生动。通过色彩的微妙变化，页面在视觉上形成了一定的层次感，使得用户能够轻松地区分每个版块的内容。

滑板产品网页 UI 设计，蓝色作为网页的主题色，给人以清新、专业的感觉，与黑色相搭配，这两种颜色的结合不仅符合滑板品牌的调性，还传达出品牌的专业性和时尚感。蓝色和黑色的结合以及多彩的图案和文字为网页营造出一种时尚而充满活力的氛围。这种色彩搭配能够吸引年轻、追求潮流的滑板爱好者的注意，激发他们的兴趣和购买欲望。

图 6-3　主题色在网页 UI 设计中的表现

6.1.2　背景色——支配 UI 整体情感

背景色作为 UI 设计中占据绝对面积优势的元素，其重要性不言而喻。它不仅是页面的基底，更是整体情感氛围的塑造者，被誉为 UI 配色的"支配色"。同一页面，因背景色的不同，往往能带给用户截然不同的视觉与情感体验。

在当前的 UI 设计实践中，白色与深色调是最为常见的背景色的选择。白色背景以其简洁、纯净的特点，营造出清新、专业的氛围；而深色调背景以其沉稳、内敛的特质，赋予页面以高端、神秘的质感。其实，背景色的选择远不止于此，纯色背景以其单一、纯粹的色彩展现出简约而不失格调的美感；渐变颜色背景通过色彩的微妙过渡营造出丰富的层次与动感；图片背景则以其直观、生动的图像为用户带来身临其境的视觉享受。

背景色对 UI 整体情感印象的影响深远。柔和的色调作为背景色，能够营造出和谐、舒适的视觉环境，使用户在浏览过程中感到轻松、愉悦；鲜丽的颜色作为背景色，则能瞬间抓住用户的眼球，激发其活跃、热烈的情绪反应。因此，在设计过程中选择合适的背景色至关重要，它不仅能够提升页面的美观度，更能深刻地影响用户的情感体验与品牌认知。图 6-4 所示为背景色在网页 UI 设计中的表现。

> **提示**
>
> 人们在看到色彩时会想到相应的事物。眼睛是视觉传达的最好工具，当人们看到一个画面时，第一眼看到的就是色彩。例如人们看到绿色，会感觉很清爽，想到健康。因此人们不需要看主题文字，就会知道这个画面在传达着什么信息，简单、易懂。

白酒产品宣传网页 UI 设计，背景采用了淡蓝色和白色相间的山水画风格，这种配色方案给人一种清新、淡雅的感觉。淡蓝色通常代表宁静、深远，与网页宣传的高端、传统白酒品牌形象相契合。以金色为主色调，黑色和白色为辅助色，使得整个页面在视觉上既高端又传统，既醒目又和谐。

自行车产品宣传网页 UI 设计，背景选用了鲜艳的红色，这种颜色在视觉上具有很强的冲击力，营造出一种动感、充满活力的氛围。与黑色、银色和金色相搭配，通过白色文字、图标和按钮的辅助，营造出一种动感、专业且现代的氛围。整个设计简洁而现代，符合山地自行车产品的特点和品牌形象。

图 6-4　背景色在网页 UI 设计中的表现

6.1.3　辅助色——营造独特的 UI 风格

在 UI 设计中，色彩的运用是一个复杂而精细的过程。除了占据视觉中心的主题色和奠定基调的背景色之外，辅助色同样扮演着不可或缺的角色。辅助色，其视觉重要性和在页面中的体积虽次于主题色和背景色，但其在陪衬主题色、增强设计层次感与丰富度方面发挥着至关重要的作用。

辅助色常被用于页面中较小的元素，如按钮、图标、文本链接等，通过其独特的色彩属性，与主题色形成和谐或对比的关系，从而使主题色更加鲜明、突出。这种色彩搭配方式不仅有助于引导用户的视线流动，还能提升页面的整体美感和可读性。图 6-5 所示为辅助色在网页 UI 设计中的表现。

博物馆网页 UI 设计，以红棕色作为主题色，搭配浅黄色，这两种颜色都是温暖而沉稳的色调，非常适合用于展示历史、文化和艺术相关的网站。页面通过和谐的色彩搭配和巧妙的层次感设计营造出一个既庄重又不失温馨的氛围。同时，这种色彩选择也传达出一种复古、沉稳、专业和信赖的感觉，与博物馆所展示的历史、文化和艺术内容相得益彰。

餐饮企业网页 UI 设计，绿色作为主题色，贯穿于顶部菜单、圆形图案、部分图标以及整个背景之中。绿色象征着自然、健康、生长和活力，与网页的主题高度契合。白色作为辅助色，与绿色形成了鲜明的对比，使得圆形图案内的食物图案和文字信息更加突出和易于辨认。同时，白色也赋予了页面一种简洁、明快的风格。

图 6-5　辅助色在网页 UI 设计中的表现

辅助色作为主题色的衬托，可以使页面充满活力，给人鲜活的感觉。辅助色与主题色的色相相反，起到突出主题的作用。辅助色如果面积太大或是纯度过强，都会弱化关键的主题色，所以相对的暗淡、适当的面积才会达到理想的效果。

在页面中为主题色搭配辅助色，可以使页面产生动感，活力倍增。辅助色通常与主题色保持一定的色彩差异，既能够凸显出主题色，又能够丰富页面的整体视觉效果。图 6-6 所示为辅助色在网页 UI 设计中的表现。

火锅品牌宣传网页 UI 设计，使用红色作为主题色，绿色作为辅助色，形成了强烈的对比效果，增强了页面的层次感和立体感。红色在中国文化中常代表喜庆、热情和食欲，非常适合用于餐饮行业的广告海报中，能够迅速吸引人们的注意并激发其食欲。绿色则象征着新鲜、健康和自然，与海报中宣传的"精选料""好食材"等理念相契合，增强了产品的可信度。

科技企业网页 UI 设计，使用蓝色作为页面的主题色，通常与信任、专业性和高科技相关联，非常适合用于工业自动化领域的网站。与白色相搭配，增加了页面的明亮度，使得整体视觉效果更加开阔和清爽。辅助色为绿色，为整个页面增添了一抹生机与活力。绿色常代表健康、生长和活力，同时也传达出积极向上、以客户为中心的企业理念。

图 6-6　辅助色在网页 UI 设计中的表现

6.1.4　点缀色——强调画面重点信息与功能

点缀色在 UI 设计中扮演着画龙点睛的角色，它以面积小却变化多样的形式存在于页面中，如图片、文字、图标及其他装饰元素之中。这些点缀色往往采用对比鲜明或高纯度的色彩，以其强烈的视觉冲击力，成为吸引用户眼球的焦点。

点缀色的主要作用是打破页面的单调与沉闷，为整体设计增添一抹亮色。因此，在选择点缀色时应避免与背景色过于接近，以免失去其应有的效果。点缀色应选用较为鲜艳的色彩，通过对比与反差，营造出活泼、生动的页面氛围。当然，在特定的设计需求下，如营造低调、柔和的整体氛围时，点缀色也可考虑与背景色相近，但即便如此，也需通过微妙的色彩差异来体现其存在价值。

值得注意的是，点缀色的应用并不受限于其面积大小。实际上，面积越小，色彩越强烈，点缀色的效果往往越突出。这是因为小面积的鲜艳色彩能够在视觉上形成强烈的聚焦点，有效地引导用户的视线流动。因此，在设计过程中，设计师应充分利用点缀色的这一特性，通过精心布置与搭配，使页面在保持整体和谐、统一的同时又不失细节之处的精彩与亮点，如图 6-7 所示。

大面积鲜艳
的色彩

 小面积不鲜
艳的颜色

 小面积的鲜艳色
彩最有效果

图 6-7　点缀色在页面中所占面积的示意图

图 6-8 所示为点缀色在网页 UI 设计中的表现。

咖啡品牌宣传网页 UI 设计，使用深蓝色作为背景颜色，深蓝色通常给人一种沉稳、专业的印象，同时与咖啡的浓郁口感相呼应，营造出一种高雅而宁静的氛围。点缀少量橙色，为页面增添一抹亮色，表现出温暖、活力和吸引力，与咖啡的温馨氛围相契合。

园林工具产品宣传网页 UI 设计，使用灰暗色调的图片作为网页背景，给浏览者一定的场景代入感，同时灰暗的色调也不会太影响页面内容的表现。与橙色相搭配，有助于塑造公司专注于产品、注重品质的形象。在页面中点缀青色的曲线图形，与背景形成鲜明的对比，强调了产品本身，并暗示了与自然环境的紧密联系。

图 6-8　点缀色在网页 UI 设计中的表现

6.2　网页元素的色彩搭配

在网页 UI 设计中，各个关键要素（如 Logo、广告、导航菜单、背景、文字以及链接文字）的颜色协调是至关重要的，这不仅关乎页面的美观性，还直接影响到用户的浏览体验和信息的传达效果。

6.2.1　Logo 与网页广告

Logo 与网页广告作为网站宣传的两大核心要素，必须在网页 UI 设计中占据显著的位置，以吸引并留住用户。为了达成这一目标，色彩的运用显得尤为关键。设计师可以采取策略性的色彩处理手法，使 Logo 与广告的色彩与网页 UI 的主题色形成鲜明的对比，从而确保它们在视觉上脱颖而出。

具体而言，避免 Logo 与广告的色彩与主题色过于接近，这样可以防止它们被淹没在整体设计中。设计师应选择那些与主题色差异显著、能够产生强烈视觉冲击力的色彩来装饰 Logo 与广告。更进一步，为了强化其突出效果，还可以大胆采用与主题色形成互补关系的色彩，这种色彩搭配不仅能吸引观者的眼球，还能在视觉上营造出一种动态平衡与和谐美感。图 6-9 所示为通过配色突出 Logo 和广告在网页 UI 中的表现。

在线学习网页 UI 设计，以白色作为页面的背景颜色，给人以纯净、简洁的感觉。在页面中搭配高饱度蓝色、黄色和绿色设计的插画图形，使页面表现更加活跃。页面左上角的 Logo 图形采用了橙色与黑色的组合，与教育技术中追求创新、激发学习热情的理念相契合。

电动车产品宣传网页 UI 设计，以蓝色作为页面的主题色，与白色相结合，对页面背景进行倾斜分割，在页面中心位置放置产品图像，表现效果非常突出，在页面顶部的中心位置放置白色的 Logo，与背景的灰蓝色形成很好的对比，视觉表现突出，页面整体给人一种灵动、富有科技感的印象。

图 6-9　通过配色突出 Logo 和广告在网页 UI 中的表现

6.2.2　导航菜单

导航菜单，作为网页 UI 设计中不可或缺的视觉导向标，其核心使命在于优化用户的访问路径，使网站内容触手可及。面对多样化的网页 UI 场景，导航菜单的形式需灵活多变，以适应不同的设计风格与内容结构。在设计过程中，既要巧妙地运用色彩对比，让导航菜单在页面中适度"跳跃"，吸引用户的目光，又需确保这种突出不破坏整体的和谐、统一，维护页面的协调性。

选择具有轻微跳跃性的色彩来点缀导航菜单，不仅能有效地提升用户的视觉关注度，还能在无形中表现出网站结构的清晰脉络与层次分明。这样的设计策略既符合用户的认知习惯，又能增强他们对网站信息的快速抓取能力，从而提升整体的用户满意度与忠诚度。图 6-10 所示为网页 UI 中导航菜单的配色设计。

美食网页 UI 设计，在页面顶部通过黄色和黑色形成强烈的对比，黄色作为网页 Logo 的背景颜色，黑色作为网页导航菜单选项的背景颜色，使得 Logo 和导航菜单在网页中的表现效果非常突出、明显，同时与导航菜单下方的美食宣传广告形成对比，增强页面的层次感。

奶茶品牌宣传网页 UI 设计，页面顶部为奶茶产品的宣传广告，突出产品的表现效果。顶部导航菜单叠加在奶茶宣传广告之上，为了使导航菜单的视觉表现效果更加突出，为导航菜单设置了纯白色的背景，使导航菜单更加清晰，同时也增强了页面的色彩层次。

图 6-10　网页 UI 中导航菜单的配色设计

6.2.3　背景与文字

如果网页 UI 使用了背景颜色，必须要考虑到背景颜色与文字的搭配问题，以确保信息传达的清晰。为了提升可读性与易读性，推荐选用纯度或明度较低的背景色彩作为基底，这样能够有效地减少用户的视觉疲劳，同时配以鲜明、突出的亮色文字，形成鲜明的对比，使信息一目了然，便于用户快速捕捉。

对于追求艺术表达的网页文字设计而言，通过巧妙地运用个性鲜明的文字色彩，不仅能够强化网页的整体设计风格，还能赋予其独特的情感与氛围。总之，在设计时应始终把握文字色彩与网页整体基调的和谐统一，确保局部元素间的对比鲜明、不突兀，在对比之中又蕴含协调之美。图 6-11 所示为网页 UI 中背景与文字的配色设计。

汽车宣传网页 UI 设计，网页中的广告文字具有强烈的动感，同时也传递出品牌对产品的自信和对市场领先地位的追求。使用红色到蓝色的渐变色作为主题文字的配色，与背景的蓝色渐变形成对比，同时也与汽车产品的颜色形成呼应，具有很强的视觉表现效果。

展览活动宣传网页 UI 设计，以浅灰色作为背景颜色，以蓝色作为主题色，通过图形与主题文字结合的设计突出主题的表现。主题文字采用了蓝色到紫色的渐变色彩，视觉效果表现突出，营造出一种现代、专业且富有吸引力的氛围，有效地传达了活动的关键信息和品牌形象。

图 6-11　网页 UI 中背景与文字的配色设计

6.2.4　链接文字

一个网站往往由多个精心设计的页面构成，而文字与图片的链接成为了这些页面间无缝连接的桥梁，其重要性不言而喻。鉴于现代生活节奏的加快，用户对于高效、直观的信息获取方式有着迫切需求，因此在网站设计中设置独特且引人注目的链接颜色显得尤为重要。

对于文字链接的处理更应注重其区分度。由于文字链接承载着引导用户跳转至其他页面或内容的重要功能，其颜色设计必须区别于普通的叙述性文字，以确保用户能够迅速识别并作出反应。通过挑选与网站整体风格相协调且足够醒目的颜色，可以让文字链接成为页面上的一道亮丽风景线，既保持了页面的美观性，又提升了用户的操作便捷性。

突出网页 UI 中链接文字的方法主要有两种，一种是当鼠标指针移至链接文字上时，链接文字改变颜色；另一种是当鼠标指针移至链接文字上时，链接文字的背景颜色发生改变，从而突出显示链接文字。图 6-12 所示为网页 UI 中链接文字的配色设计。

设计企业网页 UI 设计，将文字链接设计成简约的线框按钮形式，吸引用户进行点击操作，当用户将鼠标指针移至该按钮形式的链接文字上时，原本的透明线框链接文字变成红色背景、白色加粗文字的样式，在无彩色的页面中表现非常突出，有效地突出了重点操作链接的表现效果。

披萨品牌宣传网页 UI 设计，以浅黄色作为背景颜色，营造出一种清新、明亮的感觉，有助于提升用户的阅读体验。网页中的文字为深棕色，与背景颜色保持色调统一，同时又具有明度对比，效果清晰、易读。当鼠标指针移至页面中的链接文字上时，链接文字显示为红色，给浏览者明确的提示。

图 6-12　网页 UI 中链接文字的配色设计

6.3　根据受众群体选择网页配色

在网页 UI 设计中，色彩的选择与搭配不仅是美学的展现，更是对用户体验的深刻洞察与精心雕琢。通过精准的色彩运用，能够创造出既符合品牌形象，又能触动用户心灵的视觉盛宴，让网页成为用户心中难以忘怀的色彩记忆。

6.3.1　不同性别的色彩偏好

色彩不仅蕴含着普遍的代表性意义，其在个体感知层面的差异性也不可忽视。浏览者对色彩的体验与解读往往带有个人情感与经历的色彩。因此，对于网页 UI 设计者而言，要想通过色彩精准而深刻地传达情感与信息，必须深谙色彩的实用艺术。

首先，在设计之初明确目标受众群体。这一过程如同绘制精准的用户画像，通过深入洞察其心理特征、文化背景及色彩偏好，能够更加精准地把握其审美。然后，围绕这一目标群体广泛搜集并筛选符合其喜好的色彩素材与案例，构建起丰富而贴切的设计资源库。这一过程不仅为色彩选择提供了坚实的数据支撑，也为后续设计方案的优化与完善奠定了坚实的基础。

表 6-1 所示为男性偏好的色相和色调。

表 6-1　男性偏好的色相和色调

男性	喜欢的色相	蓝色	
		深蓝色	
		绿色	
		黑色	
	喜欢的色调	暗色调	
		深色调	
		钝色调（浊色调）	

图 6-13 所示为针对男性用户群体的网页 UI 配色设计。

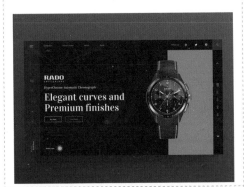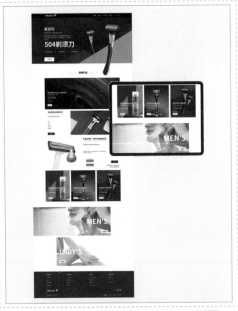

男士手表网页 UI 设计，使用接近黑色的深灰色作为页面的背景颜色，体现出大方、高贵的品质感，在页面中搭配纯白色的文字，在手表产品的下方搭配中等明度的棕色，体现出尊贵、典雅的产品魅力。

男士剃须刀产品宣传网页 UI 设计，使用蓝色作为主题色，与黑色相搭配，营造了一种专业、高端的氛围。深色调在视觉上给人一种稳重、可靠的感觉，非常适合用于展示剃须刀这类需要展现品质和专业的产品。

图 6-13 针对男性用户群体的网页 UI 配色设计

表 6-2 所示为女性偏好的色相和色调。

表 6-2 女性偏好的色相和色调

女性	喜欢的色相	红色 粉红色 紫色 紫红色 浅蓝色	
	喜欢的色调	淡色调 明亮色调 粉色调	

图 6-14 所示为针对女性用户群体的网页 UI 配色设计。

美容护肤产品网页 UI 设计，使用青色作为主题色，与产品色彩统一。青色给人一种清新、宁静和深远的感觉，通常与水、海洋、宁静等意象相关联，因此在香水广告中使用青色背景有助于营造出一种清新自然、高品质的氛围。与蓝色、紫色和粉红色相搭配，这些色彩鲜艳的元素与蓝色背景形成了鲜明的对比，使页面表现更加时尚、活跃。

育儿知识相关网页 UI 设计，使用粉红色作为整个页面的主色调，粉红色给人一种温馨、柔和的感觉，非常适合用于亲子类网站，能够传达出爱意、关怀和温暖的氛围。粉红色和白色的搭配不仅营造出了一种温馨、可爱的氛围，还通过色彩与内容的结合、色彩对比与层次感的设计等手法提升了用户的视觉体验和品牌认同感。

图 6-14　针对女性用户群体的网页 UI 配色设计

6.3.2　不同年龄的色彩偏好

不同年龄层的人群，在色彩偏好上展现出鲜明而有趣的差异。例如，老年人往往倾向于选择灰色与棕色等沉稳色调，这些色彩不仅给人以安宁与温暖的感受，还巧妙地契合了他们追求内敛与平和的心态；天真烂漫的儿童则普遍对红色、黄色等鲜艳的色彩情有独钟，这些明亮、跃动的色彩如同他们纯真无邪的心灵，充满了活力与对探索世界的渴望。

在网页 UI 设计或是任何视觉创意领域中，深入理解和把握不同年龄层的色彩偏好是打造个性化、富有吸引力的设计作品的关键所在。通过精准的色彩搭配，不仅能够营造出与目标受众心灵共鸣的视觉氛围，还能有效地提升用户体验，让设计作品成为连接不同年龄层人群的桥梁。

表 6-3 所示为不同年龄人群对色彩的偏好。

表 6-3　不同年龄人群对色彩的偏好

年龄层次	年　　龄	喜欢的颜色	
儿童	0 ～ 12 岁	红色、橙色、黄色等偏暖色系的纯色	
青少年	13 ～ 20 岁	以纯色为主，也会喜欢其他的亮色系或淡色	
青年	21 ～ 40 岁	红、蓝、绿等鲜艳的纯色	
中老年	41 岁以上	稳重、严肃的暗色系或暗灰色系、灰色系、冷色系	

图 6-15 所示为针对不同年龄人群的网页 UI 配色设计。

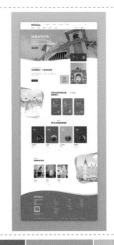

儿童商品电商网页 UI 设计，使用天蓝色作为页面的背景颜色，页面表现出清爽、自然的印象，在页面中点缀高饱和度的黄色、绿色等素材，页面的视觉表现效果非常丰富、活泼，并且页面采用了卡通的设计风格，以及不规则边框、卡通手绘素材等，这些都能够表现出儿童活泼、可爱的个性。

主题乐园网页 UI 设计，以蓝色为主题色，蓝色给人以清新、凉爽、宁静的感觉，与水上乐园的游玩环境高度契合，能够迅速引导用户进入一种轻松、愉快的度假氛围。通过橙色、黄色等暖色调的点缀，增加了色彩对比度和视觉冲击力，能够很好地吸引年轻用户群体的关注。

家具产品网页 UI 设计，使用接近白色的浅灰色作为页面的背景颜色，有效地突出页面中家具产品图片和文字介绍内容的表现，表现效果清晰、直观。使用深蓝色作为页面中内容标题文字的颜色，使用中等饱和度的黄色作为按钮的颜色，色调表现舒适、不刺激，页面整体给人清爽、简洁、舒适的印象，符合不同年龄用户的审美。

旅游景区宣传网页 UI 设计，使用浅土黄色作为主题色，给人以宁静、深远的感觉，非常适合表达中国古典文化的韵味。与淡彩色的建筑、人物等元素形成了鲜明的对比，这种对比使得画面更加生动、有趣。同时，通过运用不同饱和度和明度的灰色调，页面在色彩上呈现出丰富的层次感，有效地吸引了中老年人对于自然、健康的向往。

图 6-15　针对不同年龄人群的网页 UI 配色设计

提示

色彩的运用不是限定死的，并不是说购买按钮一定要使用红色或橙色，而下载按钮一定要使用绿色，对于具体的色彩风格需要认真了解设计需求，确定网站定位与情感印象，例如稳重、可信赖、活泼、简洁、科技感等，确定了网站定位就可以选择合适的色彩方向进行设计。

6.4 根据商品销售阶段选择网页配色

色彩不仅是商品的外在装饰，更是品牌与消费者之间无声的情感纽带。设计师需要能够精准地洞察目标消费群体的色彩偏好与情感共鸣点，巧妙地将品牌理念与色彩语言相融合，创造出既符合品牌形象，又能触动消费者内心的色彩搭配方案。这样的色彩策略不仅能够让产品在众多同类中脱颖而出，更能在第一时间吸引并锁定消费者的目光，激发其探索与购买的欲望。

6.4.1 新产品上市期的网页配色

新产品刚推入市场，还没有被大多数消费者所认识，消费者对新产品需要有一个接受的过程。对于产品的推广，其网页 UI 的配色设计不容忽视。

倡导采用色彩艳丽的单一色系作为宣传网页 UI 的主色调，旨在以鲜明而强烈的视觉冲击力瞬间抓住消费者的注意力，避免信息在纷繁复杂的网络世界中被淹没。通过单一色系的运用，不仅能够确保商品信息的清晰传达，不使诉求点因色彩混杂而模糊，还能有效地营造品牌专属的视觉氛围，加深消费者对产品的初步印象。

同时，色彩的选择应紧密贴合产品特性与品牌形象，确保每一抹色彩都能精准地传达产品的核心价值与独特魅力。在此基础上，结合创意的排版布局与动态元素，进一步提升网页的吸引力与互动性，引导消费者主动探索产品详情，逐步建立起对新产品的信任与好感。图 6-16 所示为新产品上市期的网页 UI 配色设计。

果汁饮料网页 UI 设计，使用高饱和度的绿色作为主色调，通过不同明度的绿色进行搭配，从而很好地表现出该果汁产品的新鲜与健康品质。在该网页中还使用了卡通形象的方式，加深浏览者对该果汁饮料的印象，表现效果突出而醒目。	汽车宣传网页 UI 设计，整个页面采用了深色调作为主基调，深色调的使用给人一种稳重、高端且高科技的感觉，与汽车产品的定位相契合。紫色作为主色调贯穿始终，与其他色彩形成了和谐的搭配，使得整个页面在视觉上非常统一和协调。

图 6-16　新产品上市期的网页 UI 配色设计

6.4.2 产品拓展期的网页配色

在成功引领产品进入市场并培养起初步用户基础之后，面对日益加剧的品牌同质化竞争挑战，需要采取更为精准和创新的策略确保产品在众多产品中脱颖而出。此时，优化产品宣传网页的 UI 设计，特别是色彩运用，成为了至关重要的一环。

将色彩作为构建品牌差异化的第一视觉语言，采用鲜明、鲜艳的色调作为网页 UI 设计的核心。这不仅能够立即吸引用户的注意力，还能在视觉上形成强烈的品牌形象，帮助产品在众多相似产品中被迅速辨识。同时，确保所选色彩与品牌调性相符，传达出积极、活力或高端、专业的品牌形象。图 6-17 所示为产品拓展期的网页 UI 配色设计。

果汁产品宣传网页 UI 设计，通过广告画册表现手法，将果汁产品与果树结合在一起，表现出产品的自然与原汁原味。在配色上使用高饱和度的黄色作为主色调，与果汁产品的包装色彩相呼应，给人一种欢乐、活跃的印象，在页面中与绿色相搭配，从而很好地表现出该果汁产品的新鲜与健康品质。

运动品牌网页 UI 设计，页面非常简洁，使用纯白色与高饱和度的黄色在页面中垂直划分页面背景，使页面背景形成强烈的无彩色与有彩色的对比，高饱和度的黄色能够给人一种欢乐、年轻的印象，强对比的配色又能够给人带来强烈的视觉冲击力，使得该电商网站页面表现出强烈的年轻与动感印象。

图 6-17　产品拓展期的网页 UI 配色设计

6.4.3　产品稳定销售期的网页配色

经过不断进步和发展，产品在市场中已经占有一定的地位，并被消费者熟悉与信赖，同时汇聚了一批忠实的用户。在此关键阶段，维护并深化这些用户对产品的信任与依赖变得尤为关键。为此，在网页 UI 设计中色彩运用需要成为连接产品与消费者情感的桥梁，确保每一个色彩元素都能精准地传达产品的核心理念与价值观。

精心挑选能够精准地反映产品理念与品牌精神的色彩作为网页 UI 设计的主色调。这些色彩不仅要在视觉上和谐统一，更要能够触动消费者的情感共鸣，让消费者在浏览网页时能够深刻地感受到产品的独特魅力与品牌价值。图 6-18 所示为产品稳定销售期的网页 UI 配色设计。

火锅调料产品促销网页 UI 设计，以卡通插画的形式来表现整个产品促销页面，在界面中设计了一棵番茄树，番茄树上不仅有成熟的红色番茄，还有该品牌的各种产品，从而使页面形成一个整体，蓝天、白色和绿色蔬菜形成一幅自然的景象，体现出该产品的自然与健康品质。

知名饮料的活动宣传网页 UI 设计，使用与该品牌形象统一的红色作为主色调，表现出喜庆与欢乐的氛围，并且为页面背景应用了皮质的纹理，使得页面背景的质感表现强烈。该页面中采用卡通手绘的设计风格，使得整个页面的表现更加个性、欢乐。

图 6-18　产品稳定销售期的网页 UI 配色设计

6.4.4　产品衰退期的网页配色

在竞争激烈的市场环境中，产品兴衰更替是不可避免的。随着市场新品的不断涌现和消费者喜好的改变，许多产品面临着从辉煌走向衰退。当产品步入衰退期，消费者的新鲜感减退，销售势头自然放缓，这时重塑产品魅力、激发消费者兴趣成为了扭转局势的关键所在。

为了维持并重新点燃消费者对产品的消费热情，网页 UI 设计成为了至关重要的"战场"。在这个阶段，色彩与设计的革新不仅是视觉上的升级，更是品牌生命力的再次焕发。紧跟时代潮流，采用当下最流行的色彩趋势，或独创具有新鲜感和独特意义的色彩体系。这些色彩不仅要吸引消费者的眼球，更要触动消费者的情感共鸣，让每一次浏览都成为一次全新的视觉盛宴。图 6-19 所示为产品衰退期的网页 UI 配色设计。

餐饮美食网页 UI 设计，一改以往使用橙色、黄色等暖色调为主的配色，使用高饱和度的蓝色作为页面的主题色，与白色相搭配，使页面表现出自然与清爽感，看了很多暖色系配色的美食网页，突然看到冷色系配色的美食网页会给人留下深刻的印象。	家电产品促销网页 UI 设计，使用深灰色作为背景颜色，营造了一种沉稳、专业的氛围。深色调的背景有助于突出前景中的白色文字、图像和图标，使得内容更加鲜明、易读。深色调背景与简洁的布局相结合，营造出一种干净、利落且不失高雅的视觉风格。这种风格不仅符合现代审美趋势，还体现了品牌的专业形象和品质追求。

图 6-19　产品衰退期的网页 UI 配色设计

6.5　如何打造成功的网页配色

在构建令人难忘的网站 UI 配色方案时，关键在于深刻地理解和巧妙地运用色彩的基本原理与规律，确保每一抹色彩都不仅仅是视觉的填充，还是情感的传递者，能够深刻触动人心。

6.5.1　遵循色彩的基本原理

在优化各类网站 UI 设计的色彩选择时，深刻地洞察并尊重浏览者的年龄层与性别差异是至关重要的。这要求设计师从色彩学的基本原理出发，实施精准而富有策略性的色彩搭配方案。当色彩运用能够精准地捕捉并呼应目标受众的情感倾向时，不仅能够显著地增强用户的认同感与归属感，还能有效地促进网站的访问量与用户黏性。相反，如果色彩所传达的情感与浏览者的心理预期相悖，可能导致情感上的隔阂，甚至引发浏览者的反感，最终影响网站的整体吸引力与受欢迎程度。

　　进一步而言，色彩的运用远不止于单纯的选择，色彩的面积比例与色彩数量的精心调配同样对整体配色效果产生深远的影响。合理的色彩面积比例能够平衡视觉焦点，引导用户的视线流畅移动，提升页面布局的和谐感与美感。同时，控制色彩数量至恰到好处，既能保持视觉的清新与简约，避免冗杂、混乱，又能有效地传达品牌或内容的特色与亮点，实现视觉与信息的双重优化。图 6-20 所示为出色的网页 UI 配色设计。

　　茶文化宣传网页 UI 设计，背景中的绿色植物虽然模糊，但是为整个页面增添了一抹生机与活力。绿色代表自然、和谐，与茶文化所倡导的宁静、致远的意境相呼应。黑色茶壶体现了古典美感和文化底蕴，成功地营造了一种静谧、自然且充满文化底蕴的氛围。

　　在该网页 UI 设计中，使用大海图片与深蓝色相结合作为页面的背景，表现出宁静而悠远的印象，将页面中的 Logo 与左侧内容栏的背景设置为橙色，与深蓝色的页面背景形成强烈的对比，有效地增强了页面的活力。

图 6-20　出色的网页 UI 配色设计

6.5.2　考虑网页的特点

　　色彩搭配能激发视觉活力，为浏览者带来愉悦的感受，但人的视觉认知与记忆系统有其局限性，通常能清晰地辨识并长期记忆的色彩数量有限，过多色彩的堆砌往往会导致页面显得杂乱无章，分散浏览者的注意力，降低信息的有效传达。

　　相反，采用精简的色彩搭配策略，即限制色彩在 3 种以内（含一种鲜明的主题色），能够显著地提升页面的视觉冲击力与辨识度。这种策略不仅有助于设计者更轻松地实现色彩的和谐、统一，还能让浏览者在短时间内形成深刻印象，增强对品牌或内容的记忆。

　　在确定主题色之后，精心挑选与之相辅相成的辅助色至关重要。辅助色的选择应充分考虑与主题色的色彩关系，如色相、明度、饱和度的对比与协调，以确保整体配色的和谐、美观。图 6-21 所示为根据网页的特点进行配色设计。

　　在确定网页 UI 的主题色之后，还可以选择该主题色的对比色相，用于在网页中与主题色进行对比搭配，形成视觉上的差异，丰富整个页面的色彩。另外，黑、白、灰 3 种色彩可以和任何一种颜色进行搭配，并且不会让人感到突兀，能使画面和谐。图 6-22 所示为在网页 UI 中运用对比配色设计。

> **提示**
>
> 　　在对网页 UI 进行配色设计时，使用的色彩最好不要超过 3 种，使用过多的色彩会造成页面混乱，让人觉得没有侧重点。

房地产网页 UI 设计，使用绿色作为页面的主题色，通过不同明度和饱和度的绿色相搭配，使整个页面的色调统一。在页面中可以看到通过色调的明暗变化有效地划分了不同的内容区域，页面整体给人一种自然、和谐、统一的印象。

食品宣传网页 UI 设计，使用黄色到橙色的渐变作为页面的背景，给人一种温暖、活泼且充满活力的感觉。与红色和白色相搭配，红色代表热情和活力，白色代表纯净和新鲜，这两种颜色的结合完美地展现了食品的新鲜度和健康属性。暖色调能够激发人们的食欲和购买欲望，非常适合用于食品类产品的宣传。

图 6-21　根据网页的特点进行配色设计

电影宣传网页 UI 设计，选择电影人物服装的配色作为页面背景的配色，高饱和度的蓝色与橙色进行搭配，表现出强烈的对比冲突，并且将电影主角人物放置在页面的中心位置，给浏览者带来强烈的视觉刺激，引起浏览者的好奇心。

运动鞋网页 UI 设计，使用高饱和度的蓝色作为页面的主题色，与白色相结合作为页面的背景，表现出很强的视觉对比效果，在页面中局部点缀高饱和度的红色与黄色，使网页 UI 的色彩表现更加丰富，体现出时尚与个性的风格。

图 6-22　在网页 UI 中运用对比配色设计

6.5.3　无彩色页面点缀鲜艳色彩

无彩色系的色彩虽然没有彩色系的色彩那样光彩夺目，却有着彩色系无法代替和无法比拟的重要作用。

点缀色作为页面中一抹亮眼的细节，面积虽小却功能强大，旨在为页面注入活力。如果选取与背景色过于接近的点缀色彩，其效果将大打折扣，难以有效地区分并激发浏览者的视觉兴趣。为了构建生动且富有层次的页面，应当选择鲜明、亮丽的色彩作为点缀色。这些鲜艳的色彩不仅能够立即吸引用户的注意力，还能在视觉上形成鲜明的对比，增强页面的可读性和吸引力。图 6-23 所示为在无彩色的网页 UI 中点缀鲜艳色彩。

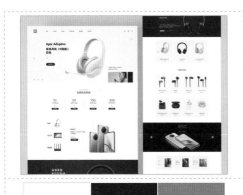

　　数码电商网页 UI 设计，以白色作为主色调，这种选择使得页面看起来明亮、宽敞且整洁。白色在视觉上具有扩展性，能够给用户一种开阔、清新的感觉，非常适合用于展示产品的网页设计。在页面局部加入与 Logo 色彩相呼应的高饱和度橙色点缀，为页面增添了活力，这些元素不仅吸引了用户的注意力，还使得页面看起来更加丰富多彩。

　　运动品牌网页 UI 设计，背景采用了深红色和黑色的渐变色，这种配色方案既深沉又充满力量感。深红色象征着激情、活力与高端，而黑色增加了稳重与神秘感。渐变效果使得背景看起来更加柔和，不会过于突兀，为整个页面营造了一种现代且专业的氛围。点缀高饱和度的红色，增加了页面的活跃度和吸引力。

图 6-23　在无彩色的网页 UI 中点缀鲜艳色彩

　　在不同的页面位置上，对于点缀色而言，其他颜色都可能是页面点缀色的背景。在网页 UI 中点缀色的应用不在于面积大小，面积越小，色彩越强，点缀色的效果才会越突出。图 6-24 所示为点缀色在网页 UI 配色中的应用。

　　汽车活动宣传网页 UI 设计，整个网站以交互的方式表现，能够给浏览者带来很强的交互体验感。使用接近黑色的低明度图片作为页面的背景，搭配高饱和度的红色汽车以及白色与红色的主题文字，与背景形成强烈的对比，产品与主题信息非常突出，并且能给人带来动感、激情的印象。

图 6-24　点缀色在网页 UI 配色中的应用

6.5.4　保持与产品色彩统一的配色设计

通过学习在无彩色网页 UI 中点缀鲜艳色彩，读者可以了解到通过这种强对比的方式能够有效地突出页面中重点信息内容的表现。在实际的网页 UI 配色中，除了可以使用上一节所介绍的配色方式之外，还可以选择产品的主色调作为网页 UI 的主题色，从而使色彩彼此融合，使页面配色更加稳定。

　　运用类似色进行色彩搭配，能够巧妙地营造出一种稳定、和谐且高度统一的视觉效果。这种搭配方式通过选取色轮上相邻或相近的色彩，使得整个设计在视觉上呈现出一种流畅而舒适的过渡，既保持了色彩的丰富性，又避免了过于突兀的对比，从而营造出一种和谐统一、令人愉悦的氛围。图 6-25 所示为使用产品色彩进行网页 UI 配色设计。

汽车宣传网页 UI 设计，使用与该汽车产品颜色相同的深灰蓝色作为页面的主题色，体现出理性与科技感，在页面中点缀高明度的青色，突出产品和主题文字的表现，页面整体色调统一，给人一种低调、奢华、科技感的印象。

饮料产品宣传网页 UI 设计，使用与饮料产品包装同色系的高明度绿色作为页面的背景颜色，给人一种清新、自然、舒适的感觉。页面中其他元素的色彩，无论是文字颜色还是图标颜色，都保持了品牌的一致性和识别度。

图 6-25　使用产品色彩进行网页 UI 配色设计

6.5.5　避免配色的混乱

　　在对网页 UI 进行配色设计时，可以考虑使用多种鲜艳的色彩使页面充满活力，但同时需要注意，在网页 UI 中使用多种鲜艳的色彩进行搭配容易使页面表现混乱。

　　在网页 UI 配色设计过程中，色相过多所导致的页面活力过强，有时会破坏网页 UI 的配色效果，使页面表现混乱。将色相、明度和饱和度的差异减小，彼此靠近，能避免出现混乱的配色效果，如图 6-26 所示。在沉闷的配色环境下增添配色的活力，在繁杂的环境下使用统一、相近的配色，这是进行配色活动的两个主要方向。

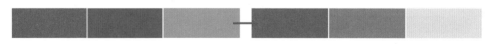

使用过多高饱和度的色相进行搭配，容易导致混乱，给人一种杂乱、喧闹的印象

首先确定一种主色调，然后根据主色调的色相减弱可以收敛的辅助色，使辅助色不至于喧宾夺主

图 6-26　网页 UI 配色的优化调整

1. 使用近似色搭配

　　将不同色相的颜色进行搭配，能够营造出活泼、喧闹的氛围。在实际网页 UI 配色设计过程中，如果色彩过于凸显或喧闹，可以减小色相差，使用近似色进行搭配，从而使色彩彼此融合，使网页 UI 配色更加稳定。图 6-27 所示为使用近似色搭配的网页 UI 配色设计。

　　旅游网页 UI 设计，首页使用旅游目的地的全景图片充分展示该旅游目的地的风景，从而有效地吸引浏览者的关注，向下拖动页面，则通过相应的布局方式分别介绍了该旅游目的地的景点、酒店、美食等内容，简洁而统一的布局方式给浏览者带来一种简洁、舒适的感受。整个网站使用蓝色作为主色调，通过不同明度的蓝色进行搭配，加入白色进行调和，表现出自然、柔和、清爽的印象。

图 6-27　使用近似色搭配的网页 UI 配色设计

2．统一色彩的明度和饱和度

　　在网页 UI 配色设计中，如果配色本身的色相差过大，但又想让网页 UI 传达一种平静、安定的感觉，可以试着使用统一明度和饱和度的色彩进行搭配，这样可以在维持原有风格的同时得到比较安定的配色印象。图 6-28 所示为统一网页 UI 中的色彩明度和饱和度。

　　运动品牌服饰网页 UI 设计，使用高明度的浅蓝色作为网页的背景颜色，使页面表现明亮、清爽，在页面中搭配蓝色、橙色和紫色等多种高饱和度色彩的几何形状图形，表现出很强的运动感。页面中的蓝色、橙色和紫色都保持了相似的明度和饱和度，所以虽然使用了多种色彩，但依然不会使页面表现混乱。

　　箱包促销网页 UI 设计，使用深蓝色作为页面的主色调，配合图像的运用，模拟出太空的景象，与旅行的促销主题相统一。在页面中搭配红色的图形，与页面头部的深蓝色形成强烈的对比效果，使得页面富有活力，视觉效果非常突出。

图 6-28　统一网页 UI 中的色彩明度和饱和度

3．颜色的色彩层次

　　在网页 UI 配色设计中，虽然经常使用少量的色彩进行搭配设计，但是通过对色彩层次的处理，可以使页面的表现具有层次感，不至于太"平"。图 6-29 所示为网页 UI 配色设计中的色彩层次处理。

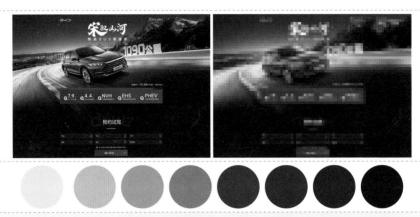

汉车宣传网页 UI 设计，使用蓝色作为页面的主题色，与汽车产品的色彩保持统一，整体给人和谐、统一的印象。为了使页面不过于单调，在页面中通过变化蓝色的明度实现明度对比，有效地突出页面中心位置的主题。对该网页 UI 进行简单的处理，可以很容易地看出页面中的色彩层次，从页面中提取出不同明度的 8 种蓝色调，即表示该色调具有 8 个层次，正是因为这样的色彩层次处理才使整个页面看起来不过于单调，而是富有色彩层次感。

图 6-29　网页 UI 配色设计中的色彩层次处理

6.6　常见网站配色

不同的网站有着不同的风格，风格独特的网站往往能够给人留下深刻的印象。影响网站风格的因素有很多，色彩无疑是其中最重要的一环。优秀的设计师应该能够自如地运用各种颜色的调和与搭配，将自己对网站整体风格和创意的设计思想实体化。下面将根据常见的网站配色印象介绍相应的配色方案，向读者展示成功的配色案例，帮助读者掌握设计适当的配色方案的技巧。

6.6.1　女性化网站配色

女性化的配色巧妙地捕捉并展现了年轻女性的温婉与活力之美。女性化的配色倾向于采用温暖而明媚的色彩基调，仿佛春日暖阳般温柔地洒落，令人心生暖意。当这些暖色系色彩以柔和的明度差异相互搭配时，更是将女性的柔美与温婉诠释得淋漓尽致。

柔和的暖色系色彩，天生就带着一股春天的气息，让人感受到自然界中春意盎然、百花争艳的景象。将这些色彩以同色系或相近色系巧妙搭配，不仅营造出一种和谐、明媚的视觉享受，更让观者仿佛置身于春日的花园之中，感受那份来自大自然的温柔与生机。

- 配色方案

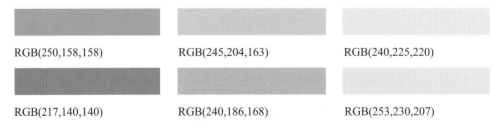

RGB(250,158,158)　　　　　RGB(245,204,163)　　　　　RGB(240,225,220)

RGB(217,140,140)　　　　　RGB(240,186,168)　　　　　RGB(253,230,207)

RGB(194,112,174)

RGB(194,163,194)

RGB(235,225,232)

RGB(198,140,217)

RGB(250,158,204)

RGB(255,255,255)

RGB(245,163,184)

RGB(184,122,153)

RGB(248,212,212)

RGB(240,117,179)

RGB(240,168,168)

RGB(240,222,168)

图 6-30 所示为女性化网站 UI 配色设计。

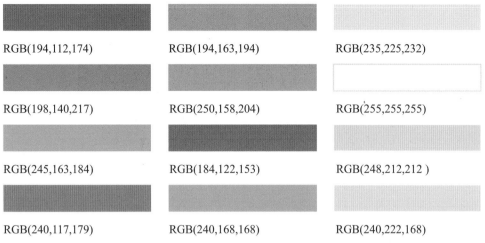

　　钻戒饰品网页 UI 设计，使用高饱和度的蓝紫色作为页面的主题色，蓝紫色是一种女性化的色彩，给人一种浪漫、优雅的印象，与白色背景相搭配，表现效果清晰、明朗，加入高饱和度的黄色作为点缀，表现出积极、活泼的印象。

　　传统女性饰品网页 UI 设计，背景采用了粉红色和棕色相间的渐变设计，这种配色方案营造出一种温馨、古典而又不失现代感的氛围。粉红色作为主色调之一，传递出柔和、浪漫的气息，同时粉红色也是女性化的色彩，与网页上展示的中国传统元素相得益彰。

图 6-30　女性化网站 UI 配色设计

6.6.2　男性化网站配色

　　冷色系色彩以其独特的魅力成为男性化网站配色的理想选择。通过运用明度差异显著、对比鲜明的色彩搭配，或是融入灰色调及富含金属质感的色彩元素，能够精准地捕捉并强化男性的阳刚特质。这种配色方案不仅展现了力量与坚韧，更赋予了网站一种沉稳而深邃的男性气息。

　　想要体现出男性的阳刚气质，经常以灰色和深蓝色系为主，色调暗、钝、浓，配以褐色，给人稳重、男性化的印象，显得理智、坚毅，让人联想起男性的精神。

● 配色方案

RGB(0,0,153)

RGB(61,143,143)

RGB(255,255,255)

RGB(10,92,71)　　　　RGB(15,138,107)　　　　RGB(204,215,194)

RGB(23,130,130)　　　　RGB(81,92,122)　　　　RGB(215,215,194)

RGB(20,25,30)　　　　RGB(38,96,115)　　　　RGB(235,232,225)

RGB(107,112,92)　　　　RGB(76,15,138)　　　　RGB(255,255,255)

RGB(71,71,30)　　　　RGB(81,103,122)　　　　RGB(209,215,194)

图 6-31 所示为男性化网站 UI 配色设计。

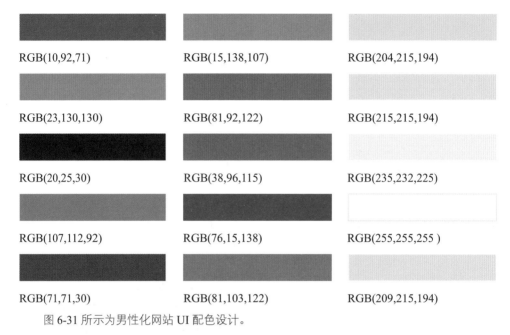

运动健身网页 UI 设计，使用深蓝色作为页面的主色调，通过深蓝色的三角形色块背景对页面进行倾斜分割，使得页面富有动感，很好地体现出健身运动的动感与魅力。	运动服饰网页 UI 设计，使用高饱和度的蓝色作为背景的主色调，通过对蓝色的明度变化使页面背景的表现更加丰富。在页面中搭配黑色，使页面的表现沉着、稳重，男性化十足。

图 6-31　男性化网站 UI 配色设计

6.6.3　儿童网站配色

　　在针对儿童用户的网站 UI 设计中，需要把握儿童的年龄特征与认知发展水平，确保符合其正面成长的需求。绿色、黄色、蓝色等鲜亮、生机勃勃的色彩是儿童网站设计的首选。这些色彩不仅视觉上活泼、欢快，能够瞬间吸引儿童的注意力，更在无形中传递出快乐、有趣和积极向上的生活态度，有助于培养儿童乐观、开朗的性格。

　　在设计过程中始终要坚守健康、活泼、有趣这三大核心原则，只有紧密围绕这些原则进行创意构思与色彩布局，才能打造出既受儿童喜爱又能促进其心理健康发展的网站页面。

● 配色方案

RGB(78,214,164)

RGB(34,177,255)

RGB(235,252,231)

RGB(45,132,206)

RGB(172,210,11)

RGB(220,234,219)

RGB(148,18,10)

RGB(247,126,169)

RGB(255,255,255)

RGB(250,152,201)

RGB(128,198,231)

RGB(255,212,229)

RGB(105,199,251)

RGB(90,179,51)

RGB(255,255,255)

RGB(218,15,15)

RGB(90,179,51)

RGB(192,255,0)

图 6-32 所示为儿童网站 UI 配色设计。

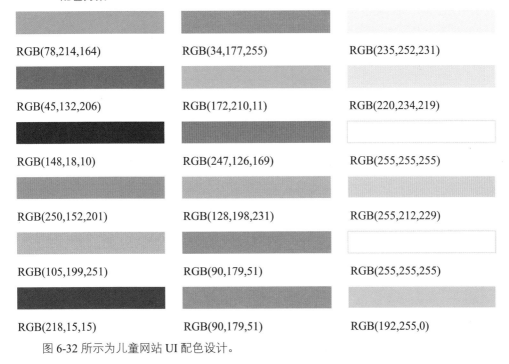

儿童摄影网页 UI 设计，页面顶部的黄色背景横幅是整个页面的视觉焦点之一。黄色是一种明亮、活泼的颜色，能够迅速地吸引用户的注意力，营造一种温暖、快乐的氛围，与儿童摄影的主题非常契合。通过色彩对比和层次感的营造，使得页面在视觉上更加生动、有趣且易于阅读。

儿童培训网页 UI 设计，在一系列网页中不同类型的培训主题使用了不同的主题色。蓝色激发思考，增强信任感，与创造力、科技形象相契合；黄色激发热情和活力，与音乐和表演艺术的动感特性相匹配；橙色明亮而活泼，象征着创新、能量和创造力，在艺术领域尤为重要；深蓝色深邃而广阔，激发探索的欲望。

图 6-32　儿童网站 UI 配色设计

6.6.4　稳定、安静的网站配色

低饱和度的冷色系色彩能够带给人一种凉爽与宁静感。当它们与大自然中郁郁葱葱的小草或挺拔的绿树之色相融合时，让人仿佛置身于一片净土，心灵得以净化，回归最纯粹的自我。

使用灰色调搭配能够使页面产生安稳的效果，少量的暗色能够在页面中强调明度的对比，在安稳中带着一股回归乡野、与世无争的意味。

- 配色方案

RGB(194,163,171)	RGB(186,194,163)	RGB(163,179,194)
RGB(139,193,179)	RGB(185,179,204)	RGB(194,186,163)
RGB(194,174,112)	RGB(194,209,148)	RGB(194,133,112)
RGB(143,174,133)	RGB(133,133,174)	RGB(174,133,154)
RGB(194,171,163)	RGB(172,200,211)	RGB(179,194,163)
RGB(122,184,184)	RGB(184,153,122)	RGB(184,184,122)

图 6-33 所示为稳定、安静的网站 UI 配色设计。

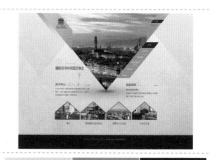

家居用品网页 UI 设计，使用高明度、中等饱和度的浅蓝色作为页面的主题色，给人一种柔和、自然的印象，搭配同色系低明度的灰蓝色，在页面中很好地划分了不同的内容区域，页面整体色调保持统一，给人稳定、简洁、舒适的印象。

文化艺术中心网页 UI 设计，使用高明度、低饱和度的浅茶色作为页面的背景颜色，浅茶色是一种低调的色彩，给人柔和、舒适的感觉，在页面中搭配同色系的棕色，给人沉稳、可信赖的感觉，能够很好地营造出文化艺术氛围。

图 6-33　稳定、安静的网站 UI 配色设计

6.6.5　兴奋激昂的网站配色

高饱和度的暖色系色彩如同冬日里的一缕阳光，瞬间温暖了周围的一切，同时也点燃了

人们内心的热情与兴奋之火。鲜艳的色彩总是让人感觉明快、令人振奋，它有着引人注目的能量，显得生机勃勃。在色彩搭配中，高饱和度色彩的运用无疑是一种大胆的选择，它不仅彰显了个性与魅力，更在视觉上带来了震撼，让人感受到前所未有的视觉冲击力。

在众多颜色中，红色是最鲜艳生动、最热烈的颜色，它代表着激进主义、革命与牺牲，常让人联想到火焰与激情。

低明度的色彩给人沉稳的感觉，表面看起来很安定，隐约透露出一种动感，使用给人兴奋感觉的颜色作为基色，搭配温暖感觉的色调，能够使整个页面更加突出。

- 配色方案

RGB(255,127,102)	RGB(204,51,64)	RGB(255,238,153)
RGB(230,25,42)	RGB(102,0,8)	RGB(221,187,201)
RGB(204,158,153)	RGB(255,102,115)	RGB(240,220,223)
RGB(204,51,89)	RGB(255,153,170)	RGB(255,247,204)
RGB(204,51,51)	RGB(240,168,198)	RGB(255,255,255)
RGB(255,51,51)	RGB(153,204,51)	RGB(255,204,221)

图 6-34 所示为令人兴奋激昂的网站 UI 配色设计。

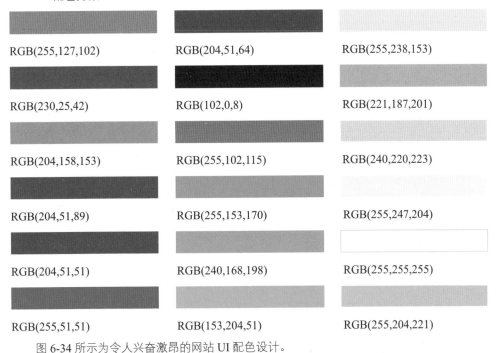

洋酒宣传网页 UI 设计，使用明度最低的黑色作为页面的背景颜色，给人一种尊贵、高档的印象，搭配暗红色的产品与图形，表现出一种动感，整体给人一种兴奋与激情的感觉。

游戏活动宣传网页 UI 设计，以红色作为主题色，与黑色搭配，既形成了强烈的对比，又营造出一种神秘、科技感以及未来感的氛围。红色通常代表活力、激情和力量，而黑色代表稳重、高端和科技感，这两种颜色相结合，使得网页在视觉上非常吸引人，能够迅速地抓住浏览者的注意力。

图 6-34　令人兴奋激昂的网站 UI 配色设计

6.6.6 轻快律动的网站配色

色彩的轻重感和色彩三要素中明度之间的关系最为密切，高明度的鲜艳色彩给人以轻盈、欢快的视觉感受。如果将高明度的鲜艳色彩与白色相融合，不仅增强了色彩的明亮感，还赋予了一种清新脱俗、洁净无瑕的韵味，让人仿佛置身于一个光明而纯净的世界之中。

高明度的色调能够表现出柔嫩的印象，与对比色搭配能够展现出美好、动人的风采；与互补色搭配，会给人亲近、柔和的印象；高明度色彩与同色系搭配，能够表现出含蓄之美；与邻近色搭配，表现出青春童话般的美妙联想；搭配低饱和度的间色或互补色，给人享受和快活的感觉。

- 配色方案

RGB(184,215,225)	RGB(184,184,225)	RGB(225,225,184)
RGB(240,230,220)	RGB(184,225,225)	RGB(215,184,225)
RGB(215,184,209)	RGB(215,215,194)	RGB(194,199,215)
RGB(240,220,220)	RGB(204,189,220)	RGB(212,220,189)
RGB(204,189,220)	RGB(220,240,235)	RGB(220,212,189)
RGB(225,194,184)	RGB(225,215,184)	RGB(184,215,225)

图 6-35 所示为轻快律动的网站 UI 配色设计。

音乐网页 UI 设计，使用白色作为页面的背景颜色，主题颜色则搭配了从高明度蓝色到高明度紫色的渐变颜色，给人带来明亮、美妙的感觉，波浪形状的图形设计使得页面具有音乐的律动感。

汽车宣传网页 UI 设计，使用高明度的浅蓝色作为主题色，与背景的浅灰色进行搭配，整个网页设计简洁、明快，并使用了大量的空白区域来突出主体内容。这种设计风格不仅使页面看起来更加清爽、明快、易于阅读，还提高了用户的浏览效率和舒适度。

图 6-35 轻快律动的网站 UI 配色设计

6.6.7　生动活力的网站配色

暖色系以其鲜明的色彩搭配，往往能激发出一种生动盎然、朝气蓬勃且充满活力的视觉体验。在运用这些色彩时，细微的偏差可能导致整体效果显得稳重不足，甚至可能给观者的视觉带来不必要的疲劳感。为了更和谐地展现这种蓬勃生机，同时保持视觉的舒适与平衡，巧妙地融入强调色变得至关重要。例如，红色如果显得过于刺激，搭配黄色与红色的中间色，则可以增加柔软感；如果使用绿色系颜色，也能够给人一种稳定、安静的感觉。

- 配色方案

RGB(225,217,102)	RGB(255,140,102)	RGB(217,255,102)
RGB(240,186,168)	RGB(204,240,168)	RGB(168,222,240)
RGB(255,255,102)	RGB(255,179,102)	RGB(179,255,102)
RGB(209,240,117)	RGB(117,209,240)	RGB(255,255,255)
RGB(225,102,102)	RGB(140,255,102)	RGB(255,217,102)
RGB(125,232,232)	RGB(232,125,125)	RGB(232,232,125)

图 6-36 所示为生动活力的网站 UI 配色设计。

茶饮料产品宣传网页 UI 设计，主体背景采用绿色，这是一种充满活力、自然和健康感的颜色，还符合茶饮品牌的自然、清爽定位。与黄色、白色搭配，通过色彩对比和层次感的营造，形成了简洁明快、生动活力的页面风格。这种配色方案不仅符合品牌的定位和理念，还能够有效地吸引观者的注意力并促进购买转化率的提升。

旅游度假区网页 UI 设计，整个页面以自然色彩为主，如绿色、蓝色、棕色等，这些色彩通常与自然环境相关联，给人一种清新、生动的感觉。网页整体运用了自然色彩来营造生动、富有活力的氛围，同时色彩与文本信息的结合也使得信息传达更加清晰、准确。这种配色方案不仅符合旅游度假区的主题定位，还能够提升用户的浏览体验和品牌形象的塑造。

图 6-36　生动活力的网站 UI 配色设计

6.6.8 清爽自然的网站配色

清澈的蓝色系色彩搭配使画面显得清爽，添加一些近似色的点缀，更能彰显画面的天然性，像大自然的气息，给人清新的享受与希望的力量，经常用于网站 UI 设计和广告设计中，与对比色搭配，能呈现出清爽、透彻的感觉。

高明度的色调能够表现出清爽、明快的感觉，与原色、间色或复色搭配，给人开朗、豪放的印象；与邻近色搭配，效果会很自然、和谐，使人们产生一种舒适、惬意的感受。高明度的冷色调能够给人一种开朗、积极向上、轻松诙谐的感受，常用于日化用品与漫画中，加入天蓝色，显得包罗万象。

- 配色方案

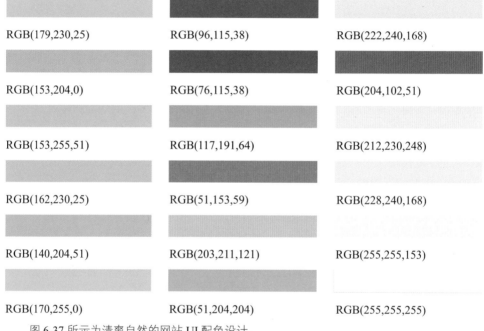

RGB(179,230,25)	RGB(96,115,38)	RGB(222,240,168)
RGB(153,204,0)	RGB(76,115,38)	RGB(204,102,51)
RGB(153,255,51)	RGB(117,191,64)	RGB(212,230,248)
RGB(162,230,25)	RGB(51,153,59)	RGB(228,240,168)
RGB(140,204,51)	RGB(203,211,121)	RGB(255,255,153)
RGB(170,255,0)	RGB(51,204,204)	RGB(255,255,255)

图 6-37 所示为清爽自然的网站 UI 配色设计。

水果电商网页 UI 设计，绿色作为主题色，与白色背景相搭配，营造出了清新、自然、健康的氛围。绿色通常与自然、生长、健康等意象相关联，非常适合用于食品销售页面，尤其是有机食品的展示。白色则作为辅助色，提升了页面的整洁度和亮度，使整体看起来更加清爽。

护肤品宣传网页 UI 设计，页面背景采用了浅绿色渐变，这种色调给人以清新、自然、舒缓的感觉，非常适合用于化妆品宣传网页中。搭配金色文字和图案以及蓝色的植物叶片等元素，通过色彩对比和点缀来营造出一种清新自然、温和滋润的氛围，有助于增强消费者对产品的信任感和期待感。

图 6-37　清爽自然的网站 UI 配色设计

6.6.9 高贵典雅的网站配色

高贵典雅的色调,以其深邃而丰富的色彩层次,擅长于勾勒一种浓郁高雅、热情洋溢的情感氛围,同时细腻地展现出女性独有的柔美与多情。根据色调的微妙变化,它还能巧妙地营造出温暖而时尚的视觉效果,让每一件作品都充满故事感与个性魅力。

低明度色彩表现效果沉稳,是一种具有传统气息的色彩,适用于表现庄重、典雅的气氛及浓香的食物,与同色系、邻近色相搭配,色调和谐、统一,搭配互补色,表现出干净利落的效果。低明度、高饱和度的色调能够给人高贵、时尚、华丽、典雅的现代感。例如,酒红色比纯红色更成熟、有韵味,女性穿上这种色调的服饰会尽显女性魅力。

- 配色方案

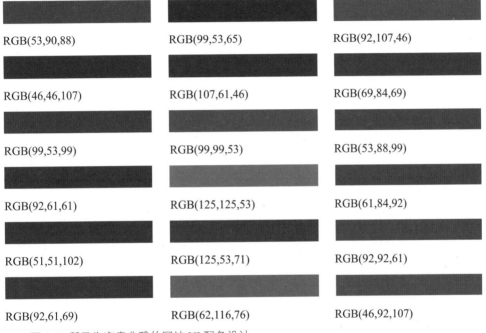

RGB(53,90,88)	RGB(99,53,65)	RGB(92,107,46)
RGB(46,46,107)	RGB(107,61,46)	RGB(69,84,69)
RGB(99,53,99)	RGB(99,99,53)	RGB(53,88,99)
RGB(92,61,61)	RGB(125,125,53)	RGB(61,84,92)
RGB(51,51,102)	RGB(125,53,71)	RGB(92,92,61)
RGB(92,61,69)	RGB(62,116,76)	RGB(46,92,107)

图 6-38 所示为高贵典雅的网站 UI 配色设计。

时尚女装网页 UI 设计,使用低明度深暗的棕色作为页面的主色调,深棕色能够给人一种沉稳、低调的印象,页面整体色调统一,设计非常简洁,仅在背景中放置人物素材,其他元素并没有任何的装饰效果,给人一种精致、典雅的感受,并且能有效地突出表现页面中的信息内容。

窗帘品牌宣传网页 UI 设计,以深蓝色作为主题色,与棕色相搭配,这两种颜色搭配在一起营造出一种沉稳、高雅且不失温馨的氛围。蓝色给人以清新、宁静的感觉,而棕色代表了自然、温暖和质感,两者相结合使得整个页面既现代又不失居家的温馨感。

图 6-38 高贵典雅的网站 UI 配色设计

6.6.10　成熟的网站配色

代表成熟风格的配色方案一般由暗淡系列的色调构成。这一系列的色调以其沉稳而不张扬的特性，自然而然地勾勒出都市生活的成熟韵味与深邃魅力。当配色中缺乏显著的明度对比时，画面更增添一份内敛与稳重，完美地捕捉了成熟风格的精髓。

低饱和度的红色与紫色，如同夜色中的温柔烛光，营造出一种优雅氛围。褐色系列的色彩，则以其贴近自然的质感，为成熟风格增添了一抹温暖的基调。

- 配色方案

RGB(102,102,102)	RGB(0,0,102)	RGB(204,204,204)
RGB(0,0,51)	RGB(153,102,0)	RGB(204,204,153)
RGB(0,51,102)	RGB(0,102,153)	RGB(255,255,255)
RGB(51,0,153)	RGB(0,102,102)	RGB(204,204,204)
RGB(0,51,51)	RGB(51,102,102)	RGB(204,204,204)
RGB(0,0,153)	RGB(51,102,153)	RGB(102,153,204)

图 6-39 所示为成熟的网站 UI 配色设计。

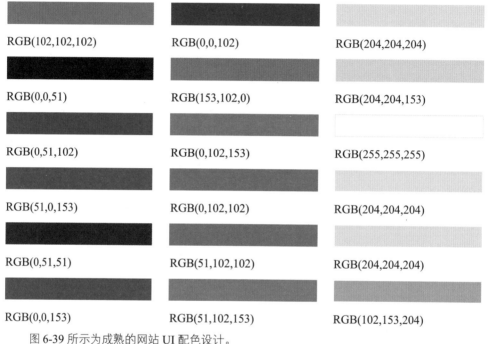

　男士手表网页 UI 设计，使用低明度的深灰蓝色作为页面的背景颜色，在页面中搭配具有相同配色的男士手表产品，保持色调的统一，在局部加入棕色的点缀，使整个页面表现出与商品给人的相同的稳重、成熟和品质感。

　房地产企业网页 UI 设计，页面顶部的导航菜单和底部的信息都使用了深灰色的背景，而中间内容部分使用了接近白色的浅灰色背景，使页面的布局结构非常清晰。左上角的 Logo 部分点缀高饱和度的红色背景，活跃页面的整体氛围，页面整体表现出简洁、大方、稳重之感。

图 6-39　成熟的网站 UI 配色设计

6.7 课后练习

在完成本章内容的学习后，接下来通过课后练习检测一下读者对本章内容的学习效果，同时加深读者对所学知识的理解。

一、选择题

1. 在下列颜色中，视觉感最强烈的是（　　　）。

    A. 红色　　　　　　B. 蓝色　　　　　　C. 黄色　　　　　　D. 白色

2. 在下列颜色中，视觉感最平静的是（　　　）。

    A. 红色　　　　　　B. 蓝色　　　　　　C. 黄色　　　　　　D. 白色

3. 在下列色彩搭配中，（　　　）搭配在一起时，在面积相同的情况下，平衡感是良好的。

    A. 黑色与绿色　　B. 红色与绿色　　C. 黑色与黄色　　D. 红色与黄色

4. 在色彩的心理印象中，（　　　）给人以生命、青春、和平、安静、安全的感觉。

    A. 黄色　　　　　　B. 蓝色　　　　　　C. 绿色　　　　　　D. 白色

5. 冷色的代表色是（　　　）。

    A. 绿色　　　　　　B. 蓝色　　　　　　C. 白色　　　　　　D. 紫色

二、判断题

1. 主题色作为 UI 设计中占据绝对面积优势的元素，它不仅是页面的基底，更是整体情感氛围的塑造者，被誉为 UI 配色的"支配色"。（　　　）

2. 点缀色往往采用对比鲜明或高纯度的色彩，以其强烈的视觉冲击力，成为吸引用户眼球的焦点。（　　　）

3. 在对网页 UI 进行配色设计时，使用的色彩最好不要超过 6 种，使用过多的色彩会造成页面的混乱，让人觉得没有侧重点。（　　　）

4. 过多色彩的堆砌往往会导致页面显得杂乱无章，分散浏览者的注意力，降低信息的有效传达。（　　　）

5. 黑、白、灰 3 种色彩可以和任何一种颜色进行搭配，并且不会让人感到突兀，能使页面和谐。（　　　）

三、简答题

如何为网页 UI 选择合适的主题色？

第 7 章
网页 UI 配色基本方法

在网页 UI 设计中，对色彩的研究与运用不仅是其不可或缺的基石，更是构筑视觉艺术魅力的核心内容之一。人类对于色彩理论的探索历经数百年的沉淀与积累，这些宝贵的研究成果不仅深刻地揭示了色彩与人类情感、心理之间的微妙联系，更为 UI 设计师们提供了无限创意的源泉与灵感。

本章将向读者介绍有关网页 UI 配色方法的知识，包括基于色相的配色方法、基于色调的配色方法、融合配色方法、对比配色方法和表现网页 UI 情感印象的配色等内容，使读者能够理解并掌握多种网页 UI 配色方法。

学习目标

1. 知识目标
- 了解基于色相的配色关系；
- 了解基于色调的配色关系。

2. 能力目标
- 理解并掌握基于色相的配色方法；
- 理解并掌握基于色调的配色方法；
- 理解并掌握对比配色方法；
- 理解通过配色表现出不同的网页情感印象。

3. 素质目标
- 培养审美情趣和创造力，提升个人综合素质和修养；
- 树立自信心和自尊心，勇于面对挑战和困难。

7.1 基于色相的配色方法

在构思网页 UI 的配色方案时，以色相作为配色设计的核心要素，能够赋予页面以极为鲜明且绚烂多彩的视觉效果，展现出一种华丽、引人入胜的氛围。这种方法在服装设计领域早已是屡见不鲜的经典手法，通过巧妙地运用色相间的搭配，能够创造出独一无二的风格与个性。

7.1.1　基于色相的配色关系

图 7-1 所示为以色相环中的红色为基准进行的配色方案分析。采用同一色相的不同色调进行搭配，称之为同色相配色；而采用邻近颜色进行搭配，称之为类似色配色。

类似色相指的是在色彩环中紧密相连、相邻而居的
两种色相，它们之间有着微妙的色差且相互呼应，形成
一种天然的和谐与共鸣。当采用同一色相或类似色相进
行配色时，整体视觉效果往往呈现出一种高度的统一性
与协调性，营造出一种宁静而和谐的氛围。

在色相环中位于红色对面的蓝绿色是红色的补色，
补色就是完全相反的颜色。在以红色为基准的色相环
中，蓝紫色到黄绿色之间的颜色为红色的相反色调。相
反色相的配色是指搭配使用色相环中相距较远颜色的配
色方案，这与同一色相配色或类似色相配色相比更具有变
化感。

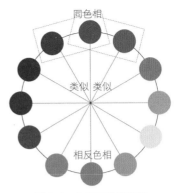

图 7-1　色相关系示意图

7.1.2　同类色配色

同类色指的是那些在色相上保持一致，仅在色彩的明度与饱和度上微妙变化的色彩组
合，它们共同营造出一种柔和而细腻的弱对比配色效果。这种配色方案凭借其色相上的高度
统一，赋予了画面前所未有的协调与和谐之美，变化虽细微却层次分明，给人以宁静致远的
视觉享受。

同类色的单一性可能使画面显得单调乏味，缺乏足够的视觉冲击力。因此，在运用此类
配色时需巧妙地在对比与变化中寻找平衡。通过增大色彩明度与纯度的差异，不仅能够打破
单调，还能赋予画面更多的生命力与活力，使其更加生动、鲜活。

图 7-2 所示为使用同类色配色的网页 UI 设计。

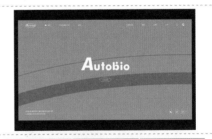

博物馆网页 UI 设计，使用红色作为主题色，红
色与浅黄色的配色营造出一种复古、庄重的氛围。
红色在中国文化中常与喜庆、热情、历史等意象相
关联，而浅黄色带有沉稳、质朴的质感。这种配色
方案很好地契合了展示中国古代文化和历史遗产的
主题。

生物科技企业宣传网页 UI 设计，使用青色作为
页面的主色调，为用户营造出一种稳重、可靠的感
觉，与生物科技领域所需要的专业性和信任感相吻
合。与同类色相搭配，整体配色和谐统一。辅助于白
色文字，既体现了生物科技领域的专业性和信任感要
求，又具有一定的视觉冲击力和品牌识别度。

图 7-2　使用同类色配色的网页 UI 设计

7.1.3　邻近色配色

色相差越大越会给人活泼的感觉，反之色相越靠近表现出越稳定的感觉。当色彩给人的感
觉过于突出和喧闹时，可以采用减小色相差的方法，使色彩彼此趋于融合，使配色更稳定。

在配色设计中，只使用同一色相色彩的配色称为同类色配色，只使用邻近色相的配色

称为邻近色配色或类似色配色。邻近色配色秉持着相近而不失个性的原则，色相差虽小却足以引发视觉上的微妙变化，这种变化既保持了整体的和谐、统一，又巧妙地融入了层次与深度，使得画面更加丰富多彩，充满生命力。

图 7-3 所示为使用邻近色配色的网页 UI 设计。

运动鞋宣传网页 UI 设计，使用深绿色作为主色调，象征着运动带来的生机与活力。蓝色的辅助色在页面中起到了点缀和衬托的作用，增加了页面的层次感和立体感。整体配色方案既符合运动鞋的现代时尚感，又传递了运动健康的信息。

餐饮美食网页 UI 设计，使用高饱和度的黄绿色作为页面的主题色，表现出美食产品的新鲜、健康与自然，在页面中搭配黄绿色的邻近色"黄色"，使页面的视觉表现效果更加富有活力。

图 7-3　使用邻近色配色的网页 UI 设计

7.1.4　相反色相、类似色调配色

采用相反色相却辅以类似色调的配色手法，是一种别出心裁的色彩搭配策略。这种方式巧妙地融合了色彩的对立与和谐，通过精心挑选的相似色调，创造出独一无二的视觉体验。影响这种配色方案效果的最重要的因素在于使用的色调。当使用对比度较高的鲜明色调进行搭配时，将会得到较强的动态效果；当使用对比度较低的黑暗色调时，不同的色相组合在一起会凸显一种安静、沉重的效果。

图 7-4 所示为使用相反色相、类似色调配色的网页 UI 设计。

在线学习网页 UI 设计，使用白色作为页面的背景颜色，在页面中通过橙色与蓝色、绿色的搭配，整个配色方案在保持高对比度的同时注重了和谐、统一以及色彩的情感传达。通过合理的色彩搭配和布局设计，该网页成功地营造了一个现代、科技感且充满活力的教育环境。

时尚网页 UI 设计，通过蓝色渐变与粉色渐变将页面划分为左、右两部分，对比效果非常强烈。辅以粉色、白色等辅助色，形成了清新、柔和、现代而活泼的视觉效果。整个配色方案既注重了色彩和谐与对比的统一性，又巧妙地运用了色彩的情感传达来激发用户的兴趣和参与度。

图 7-4　使用相反色相、类似色调配色的网页 UI 设计

7.1.5　相反色相、相反色调配色

运用完全相反的色相与同样对立的色调进行色彩搭配，这种配色策略不仅带来了强烈的变化感，还展现了巨大的反差与鲜明的对比。与相反色相类似色调的配色方法能够营造出和谐统一的氛围不同的是，相反色相相反色调的配色方法所要表现的是一种强弱分明的氛围。在 UI 配色设计中，这种配色方法的效果取决于所选颜色在整体页面中所占的比例。

图 7-5 所示为使用相反色相、相反色调配色的网页 UI 设计。

化妆品宣传网页 UI 设计，深绿色背景不仅营造了一种自然、清新的氛围，还巧妙地与产品图片中的植物元素相呼应，强调了产品的自然属性和健康益处。与中等明度的浅棕色相搭配，形成了一种自然、健康、清新的视觉效果。该配色方案既符合产品的自然属性和健康理念，又保持了页面的简洁和现代感。

厨电购买网页 UI 设计，使用低明度的深蓝色作为页面的背景颜色，给人一种稳重、大方的印象，同时能够凸显银色产品的表现。通过白色和红色的辅助色进行点缀和强调，成功地突出了商品的主要特征并吸引了用户的注意力。该网页的色彩搭配简洁明了、层次分明且富有现代感。

图 7-5　使用相反色相、相反色调配色的网页 UI 设计

7.1.6　渐变配色

渐变配色设计，其核心在于色彩的精妙排列与融合。渐变配色在众多网页 UI 设计中占据了举足轻重的地位，尤其在背景设计上较常见。通过遵循一定的规律与节奏，色彩由深至浅或由明转暗地缓缓过渡，营造出一种流动且富有韵律的视觉体验。

渐变配色不仅丰富了画面的层次感与深度，还增强了设计的现代感与时尚气息，让 UI 页面在视觉上更加吸引人，更易于引起用户的共鸣与喜爱。

图 7-6 所示为使用渐变配色的网页 UI 设计。

设计服务网页 UI 设计，使用多种不同明度和饱和度的渐变色彩相搭配，表现出一种艳丽、多彩的视觉感，并且各种渐变色彩图形按曲线状进行分布，整体给人很强的流动感，让人感觉新鲜、富有活力。

石油开采网页 UI 设计，橙红色和蓝色的渐变背景、蓝色和白色的钻井机以及白色文字的组合不仅使整个页面看起来生动、醒目且易于阅读，还成功地传达了专业、可靠、热情、活力和责任感等。

图 7-6　使用渐变配色的网页 UI 设计

7.2 基于色调的配色方法

在 UI 配色设计中，基于色调进行构思的方法，其核心在于色调的变化与精妙搭配。这一策略巧妙地运用同色相或邻近色相中的不同色调色彩，通过它们之间的微妙差异与和谐共生创造出既统一又不失层次感的视觉体验。

7.2.1 基于色调的配色关系

基于色调的 UI 配色设计可以给人一种统一、协调的感觉，避免色彩过多给页面造成繁杂、喧闹的印象，这种配色方法可以通过控制一种颜色的明暗程度制造出具有鲜明对比感的效果或者是冷静、理性、温和的效果。图 7-7 所示为色调示意图。

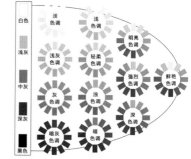

图 7-7　色调示意图

同一色调配色是指选择不同色相同一色调颜色的配色方法，例如使用鲜艳的红色和鲜艳的黄色进行搭配。

类似色调配色是指使用清澈、灰亮等类似基准色调的配色方法，这些色调在色调表中比较靠近基准色调。

相反色调配色是指选取与基准色调截然相反的色彩作为搭配对象，这些色彩在色调表中通常位于基准色调的对立面，如深暗、黑暗等色调，它们与基准色调之间形成了鲜明的对比与反差。

7.2.2 相同或类似色相、类似色调配色

在网页 UI 设计中使用相同或类似色相，同时使用类似色调进行配色，能够产生冷静、理性、整齐、简洁的效果，但如果选择了极为鲜艳的色相，那么将会给人一种强烈的视觉变化，会给人带来一种尊贵、华丽的印象。总的来说，使用类似色相和类似色调进行 UI 配色可以带来冷静、整齐的感觉，类似的色相能够表现出页面的细微变化。

图 7-8 所示为使用类似色相、类似色调配色的网页 UI 设计。

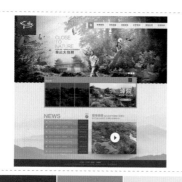

旅游度假网页 UI 设计，使用中等饱和度的绿色作为主色调，给人一种宁静、舒适的印象。在页面中搭配与绿色类似的色相，并且其他色相也采用了中等饱和度的浊色调，页面整体的色调表现平和、宁静。

传媒企业网页 UI 设计，使用蓝色作为主色调，通过类似色调的蓝色进行搭配，整体色彩搭配和谐、统一，既传达了信任与专业的情感，又展现了活力与吸引力，使得用户更容易被吸引并深入了解网页内容。

图 7-8　使用类似色相、类似色调配色的网页 UI 设计

7.2.3　相同或类似色相、相反色调配色

这种配色方法主要使用同一或类似的色相，但使用不同的色调进行配色，它的效果是在保持页面整齐、统一的同时很好地突出页面的局部。

类似色相、类似色调的配色可以获得冷静、整齐的感觉，进行配色能够表现出细微的不同。类似色相、相反色调的配色可以获得统一、突出的效果，在配色时色调差异越大，突出的效果就越明显。

图 7-9 所示为使用类似色相、相反色调配色的网页 UI 设计。

科技企业网页 UI 设计，使用蓝色作为主色调，不同明度的蓝色在页面中表现出色彩的渐变过渡，不仅给人一种深邃、专业的感觉，还与高科技、智能装备等主题相契合。深蓝色渐变背景从上到下逐渐加深，营造出一种层次感和动态效果，使得整个页面看起来更加立体和生动。

家具产品宣传网页 UI 设计，使用棕色作为页面的主色调，通过不同明度的棕色进行搭配，营造出一种温馨、舒适的氛围。浅棕色给人一种自然、质朴的感觉，而米色更加柔和、淡雅，两者结合使得整个页面看起来既温馨又不失高雅。

图 7-9　使用类似色相、相反色调配色的网页 UI 设计

7.3　融合配色使网页 UI 表现更加平稳

融合配色方法涵盖了同类色搭配与邻近色搭配等多种形式。此方法的核心在于通过选取色彩轮上相邻或相近的色彩进行组合，实现色彩的和谐过渡与无缝融合。在视觉呈现上，融合配色避免了强烈的对比效果，转而营造出一种稳定、舒适且浑然一体的视觉氛围。

7.3.1　同明度配色使界面更融合

同明度配色是指使用相同明度的色彩进行配色，相同明度的色彩在亮度上保持一致，缺乏明暗变化，却也因此赋予了画面一种整体感与凝聚力。这种配色方式往往能够营造出一种平静而温和的视觉氛围，仿佛时间在这一刻凝固，让人感受到一种宁静致远的意境，如图 7-10 所示。

在配色过程中，可以通过加强色相

暗浊色调与明色调的搭配，明度差较大，有强调的效果

统一至明色调，明度差较小，给人以稳定感

图 7-10　不同明度配色与相同明度配色对比

差、纯度差、配色面积差、色彩分布位置以及色彩心理协调等方法，避免因相同明度色彩搭配而出现过于呆板的效果。

常见色彩搭配

- 高明度

RGB(217,234,238)　　RGB(249,245,186)　　RGB(232,191,217)　　RGB(244,192,189)

RGB(250,214,193)　　RGB(202,222,201)　　RGB(208,216,238)　　RGB(224,205,227)

- 中等明度

RGB(193,96,161)　　RGB(123,194,124)　　RGB(75,188,183)　　RGB(54,141,205)

RGB(231,51,109)　　RGB(123,170,23)　　RGB(193,147,193)　　RGB(241,168,70)

- 低明度

RGB(128,65,69)　　RGB(53,51,118)　　RGB(102,32,74)　　RGB(45,34,38)

RGB(152,0,41)　　RGB(71,51,32)　　RGB(155,22,28)　　RGB(0,0,48)

图 7-11 所示为使用同明度色彩配色的网页 UI 设计。

 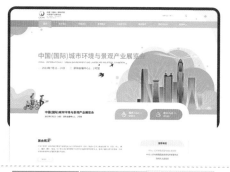

食品宣传网页 UI 设计，绿色作为主色调不仅符合主题要求，还营造出一种健康、自然、生态的氛围；黄色作为辅助色，则增强了页面的视觉效果和吸引力；白色和灰色的运用提升了页面的整体可读性和清晰度。整个网页的色彩搭配和谐统一且对比鲜明，成功地传达了健康与自然的情感，并激发了用户的购买欲望。

展览活动宣传网页 UI 设计，绿色作为主色调不仅符合展览会的主题和理念，还营造出一种清新自然、积极向上的氛围。蓝色和黄色的点缀则为页面增添了更多的色彩层次和视觉冲击力。整个页面的色彩搭配和谐统一且对比鲜明，成功地传达了环保、自然和健康的情感以及展览会的专业性和高科技元素。

图 7-11　使用同明度色彩配色的网页 UI 设计

7.3.2　同纯度配色使界面更和谐

同纯度配色是指使用相同或类似纯度的色彩进行搭配，使得整体色调和谐、统一。即便是在色相上存在显著差异的色彩，也能在视觉上达到一种微妙的平衡与和谐，给予观者以宁静、舒适的观赏体验。

纯度的高低能够决定画面视觉冲击力的大小。纯度值越高，画面显示越鲜艳、活泼，越能够吸引观者的眼球，独立性以及冲突感越强；纯度值越低，画面显示越朴素、典雅、安静、温和，独立性以及冲突感越弱。

常见色彩搭配

- 高纯度

RGB(231,31,16)	RGB(185,13,119)	RGB(17,151,144)	RGB(140,194,38)
RGB(255,242,131)	RGB(27,35,137)	RGB(0,168,92)	RGB(246,170,12)

- 中等纯度

RGB(240,132,74)	RGB(201,65,136)	RGB(123,179,171)	RGB(121,169,31)
RGB(223,209,30)	RGB(14,13,101)	RGB(0,135,73)	RGB(194,134,2)

- 低纯度

RGB(250,207,177)	RGB(227,173,200)	RGB(189,216,214)	RGB(77,114,6)
RGB(138,129,1)	RGB(1,0,77)	RGB(0,93,46)	RGB(75,44,0)

图 7-12 所示为使用同纯度色彩配色的网页 UI 设计。

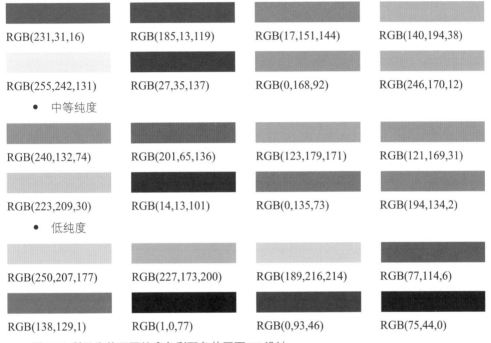

　　旅游宣传网页 UI 设计，使用绿色作为页面的主题色，而页面中的背景图片有一些偏红橙色，这两种色彩的明度和纯度相近，都属于中等纯度的色彩，从而与绿色形成对比的效果，页面整体给人一种和谐、自然的印象。

　　企业宣传网页 UI 设计，以低明度的深色为背景，辅以低饱和度的红色和蓝色的抽象线条图案以及白色的文字说明，形成了现代而专业的设计风格。色彩对比鲜明且和谐统一，既吸引了用户的注意力又保证了内容的可读性。

图 7-12　使用同纯度色彩配色的网页 UI 设计

7.3.3 同类色单色调配色

同类色配色是指色相性质相同，但色彩的明度和饱和度有所不同的色彩搭配，它属于弱对比效果的配色。

同类色由于色相单一，能够使画面呈现出非常协调、统一、变化微妙的效果，但也容易给人带来单调、乏味的感觉，因此在运用时需要注意追求对比和变化，可以加大色彩明度和纯度的对比，使画面更加生动。

常见色彩搭配

- 红色系

RGB(230,0,18)　　　RGB(231,53,98)　　　RGB(242,162,192)　　　RGB(230,125,140)

- 橙色系

RGB(243,152,0)　　　RGB(246,175,110)　　　RGB(207,93,33)　　　RGB(158,64,36)

- 黄色系

RGB(255,241,0)　　　RGB(247,214,107)　　　RGB(219,151,47)　　　RGB(255,247,140)

- 绿色系

RGB(0,167,60)　　　RGB(57,102,71)　　　RGB(160,199,55)　　　RGB(74,183,137)

- 青色系

RGB(26,150,213)　　　RGB(115,202,242)　　　RGB(88,172,217)　　　RGB(30,76,151)

- 蓝色系

RGB(29,32,136)　　　RGB(0,116,181)　　　RGB(70,83,162)　　　RGB(84,104,176)

- 紫色系

RGB(107,22,133)　　　RGB(166,62,146)　　　RGB(155,108,172)　　　RGB(196,144,191)

- 无彩色系

RGB(0,0,0)　　　RGB(114,114,114)　　　RGB(160,160,160)　　　RGB(255,255,255)

图 7-13 所示为使用同类色单色调配色的网页 UI 设计。

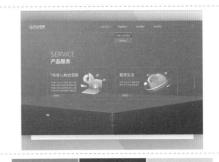

　　冰淇淋网页 UI 设计，使用高明度的粉红色作为页面的背景颜色，表现出甜美、浪漫的感觉，在页面中搭配同色系不同明度的红色，表现出页面的层次，搭配高饱和度的产品图片和主题文字，使页面的表现更加活跃、欢乐。

　　科技企业网页 UI 设计，使用蓝色作为页面的主色调，蓝色渐变作为页面的背景，白色为辅助色，形成整体和谐，统一的视觉效果。色彩搭配简洁明了且对比鲜明，既突出了重要信息又保持了页面的简洁性。

图 7-13　使用同类色单色调配色的网页 UI 设计

7.3.4　暗浊色调配色

　　暗浊色调配色是指由明度较低或纯度较浊的色彩进行搭配，使画面表现出稳重、低调、神秘的视觉印象，常用于严肃、高端、深邃、神秘等主题的配色。

　　暗浊色调的配色由于色调深暗，使得色相之间的差异并不明显，容易造成沉闷、单调的印象，在配色时可以考虑点缀少量的高纯度色彩或亮色，这样能够减轻沉闷感，并形成视觉重点。

　　常见色彩搭配

- 男性

RGB(8,14,32)　　　RGB(61,14,46)　　　RGB(135,124,70)　　　RGB(91,58,77)

- 刚硬

RGB(11,14,32)　　　RGB(145,29,50)　　　RGB(100,5,25)　　　RGB(70,16,49)

- 稳重

RGB(35,14,32)　　　RGB(109,125,147)　　　RGB(54,74,117)　　　RGB(51,108,127)

- 高端

RGB(25,48,103)　　　RGB(255,255,255)　　　RGB(51,22,39)　　　RGB(88,97,121)

- 传统

RGB(149,128,68)　　　RGB(64,41,22)　　　RGB(10,39,37)　　　RGB(130,87,34)

- 品质

RGB(64,41,22)   RGB(94,61,27)   RGB(11,14,32)   RGB(104,34,41)

- 沉重

RGB(48,0,31)   RGB(6,14,31)   RGB(25,50,47)   RGB(8,0,89)

- 可信

RGB(26,44,20)   RGB(105,55,33)   RGB(72,53,56)   RGB(35,14,32)

图 7-14 所示为使用暗浊色调配色的网页 UI 设计。

摩托车产品宣传网页 UI 设计，使用黑色作为页面的背景颜色，搭配黑色的产品，表现出力量与品质感，局部搭配棕色按钮和文字，体现出摩托车产品的尊贵与高端品质。　　房地产网页 UI 设计，使用明度和纯度不同的棕色进行配色，棕色可以给人安全、安定和安心感，棕色与同色系的色彩进行搭配，更能够彰显踏实、稳重的感觉，整个网页的配色给人稳定、大气的印象，体现出该房地产项目的品质感。

图 7-14　使用暗浊色调配色的网页 UI 设计

7.3.5　明艳色调配色

明艳色调配色是指画面中的大部分色彩或所有色彩都具有较高的明度和纯度，画面呈现出鲜艳、明朗的视觉效果。明艳色调配色非常适合表现儿童、青年、时尚、前卫、欢乐、积极等主题的配色。

明艳色调配色可能会给人过于刺激、浮躁的感觉，因此在配色时可以通过黑、白等无彩色的适当调节形成透气感，缓和鲜艳色彩的刺激感。

常见色彩搭配

- 喜庆

RGB(230,0,18)   RGB(255,241,0)   RGB(238,123,54)   RGB(228,26,106)

- 大胆

RGB(0,0,0)	RGB(230,0,18)	RGB(128,25,30)	RGB(23,41,138)

- 活力

RGB(231,53,98)	RGB(42,63,151)	RGB(255,241,0)	RGB(238,123,54)

- 开朗

RGB(123,190,58)	RGB(231,53,98)	RGB(243,239,122)	RGB(243,153,64)

- 阳光

RGB(253,218,99)	RGB(241,142,47)	RGB(255,242,49)	RGB(230,0,18)

- 鲜嫩

RGB(255,232,59)	RGB(123,190,58)	RGB(75,188,183)	RGB(245,169,64)

- 快乐

RGB(201,18,94)	RGB(243,239,122)	RGB(255,225,0)	RGB(0,151,224)

- 积极

RGB(241,142,47)	RGB(0,151,224)	RGB(230,0,18)	RGB(255,241,0)

图 7-15 所示为使用明艳色调配色的网页 UI 设计。

护肤产品网页 UI 设计，使用高明度的绿色作为背景的主色调，表现出柔和、自然的印象，在页面中搭配中等饱和度的棕色和土黄色，它们都是取自大自然的色彩，使页面的表现更加自然、舒适，凸显出该美容、护肤产品的自然、纯净品质。

食品企业宣传网页 UI 设计，使用高饱和度的黄色作为背景的主色调，与红色的食品形成鲜明的对比，使得食品的表现更加突出。同时，黄色也给人一种明亮、活泼的感觉，增加了画面的视觉冲击力。网页整体配色表现出一种既清新自然又健康美味的视觉效果。

图 7-15　使用明艳色调配色的网页 UI 设计

7.3.6 灰调配色

灰调配色是指在纯色中加入不同量的灰色所形成的色调范围，其色彩纯度较低，色彩明度变化较多。使用灰调配色通常能够给人带来朴实、稳重、平和的感受，其适用于表现家庭、休闲、老年等主题。

纯度过低的色彩容易令人感到单调、乏味，因此在进行配色时可以适当加强色彩之间的色相对比或明度对比，使画面的层次丰富。

常见色彩搭配

- 朴实

RGB(90,117,70)	RGB(180,150,90)	RGB(58,39,30)	RGB(199,179,129)

- 舒适

RGB(173,119,74)	RGB(250,206,167)	RGB(172,163,117)	RGB(226,186,119)

- 平淡

RGB(199,179,194)	RGB(73,69,64)	RGB(103,128,77)	RGB(194,188,166)

- 老成

RGB(113,68,61)	RGB(180,150,90)	RGB(145,83,134)	RGB(144,171,116)

- 轻松

RGB(113,170,116)	RGB(186,193,111)	RGB(221,214,65)	RGB(181,220,241)

- 素雅

RGB(167,132,100)	RGB(191,198,216)	RGB(210,192,213)	RGB(179,189,169)

- 内敛

RGB(141,129,114)	RGB(90,150,157)	RGB(82,107,102)	RGB(47,60,99)

- 温和

RGB(238,177,196)	RGB(218,184,126)	RGB(238,229,168)	RGB(242,229,92)

图 7-16 所示为使用灰调配色的网页 UI 设计。

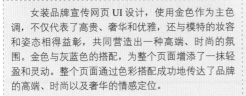

女装品牌宣传网页 UI 设计，使用金色作为主色调，不仅代表了高贵、奢华和优雅，还与模特的妆容和姿态相得益彰，共同营造出一种高端、时尚的氛围。金色与灰蓝色的搭配，为整个页面增添了一抹轻盈和灵动。整个页面通过色彩搭配成功地传达了品牌的高端、时尚以及奢华的情感定位。

剪纸文化宣传网页 UI 设计，使用深褐色作为主色调，给人以稳重、古朴的感觉，与中国传统文化的底蕴相呼应。白色图案和字体则传达出纯洁、高雅的情感，与剪纸艺术的精致、细腻相呼应。整个页面通过色彩搭配成功地传达了传统文化的厚重感和高雅气质。

图 7-16　使用灰调配色的网页 UI 设计

7.3.7　层次感配色

层次感配色是指将明度、纯度和色相按照一定的变化规律有顺序地排列构成的配色。层次感配色能够表现出很强的整体感和节奏感，给人安心、自然、舒适的感觉，可以是单色或者多色搭配，是比较容易成功的配色方式。层次感配色的关键是使色彩之间的层次分明，尽量避免出现模糊不清的情况。

常见色彩搭配

- 明度的层次

- 纯度的层次

图 7-17 所示为具有层次感的网页 UI 配色设计。

活动宣传网页 UI 设计，页面背景是其设计的重点，通过相同明度和饱和度的多种鲜艳色彩进行旋转排列设计，使页面表现出非常强烈的层次感和节奏感，体现出配色设计的艺术，搭配简洁的品牌 Logo 和文字，视觉表现效果非常突出。

化妆品网页 UI 设计，使用绿色作为主色调，背景为不同明度的绿色相搭配，表现出很强的层次感。在网页中，绿色象征着产品的天然成分和滋养功效。绿色与金色的结合，既体现了产品的自然、健康属性，又赋予其高端、奢华的形象。

图 7-17　具有层次感的网页 UI 配色设计

7.4 对比配色使网页 UI 表现更加强烈

对比配色是 UI 设计中色彩搭配的一种非常重要的方法，通过精心策划的色彩对比，不仅能够鲜明地凸显页面主题，更能在视觉上给予用户强烈的冲击与吸引力，激发用户的探索欲和参与感。色彩对比涵盖了色相之间的鲜明对立、明度差异的层次展现、纯度变化带来的纯净与浓烈的对比、色彩面积分配所营造的视觉平衡，以及冷暖色调交织所触发的情感共鸣，这些均是强化色彩表现力、深化设计意境的关键途径。

7.4.1　色相对比

色相对比是指将不同色相的色彩巧妙融合，创造出强烈且鲜明的视觉对比效果的一种手法。色相环中位置不同的颜色进行组合搭配能够形成色相对比效果，色相距离越远，对比效果越强烈。

在应用色相对比配色时，明度越接近，效果就会越明显，对比感也会有增加的感觉。此外，运用高纯度的色彩进行配色，对比效果会更明显。

常见色彩搭配

- 强烈

RGB(199,0,11)　　　　RGB(0,148,69)

- 明朗

RGB(255,242,0)　　　　RGB(67,46,130)

- 动感

RGB(0,181,235)　　　　RGB(237,108,0)

- 前卫

RGB(230,42,114)　　　　RGB(0,153,159)

- 趣味

RGB(152,0,50)　　　RGB(232,62,46)　　　RGB(123,170,23)　　　RGB(12,111,56)

- 喜庆

RGB(199,0,11)　　　RGB(226,128,125)　　　RGB(255,242,0)　　　RGB(227,169,0)

- 内向

RGB(0,148,69)　　　RGB(159,197,83)　　　RGB(151,117,178)　　　RGB(70,46,130)

- 坚定

RGB(0,181,235)　　　RGB(0,95,173)　　　RGB(235,99,101)　　　RGB(199,0,11)

图 7-18 所示为色相对比配色的网页 UI 设计。

设计类网页 UI 设计，使用高饱和度的蓝色作为页面的主色调，给人一种清爽、自然的印象，在页面中搭配高饱和度的橙色，高饱和度的蓝色与橙色形成非常强烈的色相对比，使网页 UI 表现出强烈的动感与时尚印象。

冰淇淋宣传网页 UI 设计，以广告图片的展示为主，图片的主要背景是绿色的草地，这代表了自然、健康和生机。绿色在视觉上能够引发人们对自然环境的联想，从而与产品（冰淇淋）的健康属性相呼应。顶部导航栏搭配了红色，与绿色形成对比，视觉效果突出。页面整体既突出了产品的核心属性又增强了消费者的购买欲望。

图 7-18　色相对比配色的网页 UI 设计

7.4.2　原色对比

红、黄、蓝三原色是色相环上最基本的 3 种颜色，如图 7-19 所示。它们不能由其他颜色混合产生，却可以混合出色相环上其他的所有颜色。红、黄、蓝表现了最强烈的色相气质，它们之间的对比是最强的色相对比。

红、黄、蓝三原色在色相环中的位置正好形成一个三角形，这样的配色不需要深沉、暗浊的色调就具有很强的稳定感，给人舒畅、开放的感受。原色对比配色的缺点是由于平衡

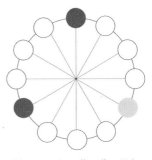

图 7-19　红、黄、蓝三原色

感较强，很难给人留下深刻的印象，难以形成鲜明的特色。因此可以稍微错开 3 种色相的位置，并运用色调差使配色呈现更丰富的变化。

图 7-20 所示为原色对比配色的网页 UI 设计。

老爷车宣传网页 UI 设计，使用了原色对比的方式进行配色，高饱和度的蓝色作为页面的背景颜色，在背景中加入高饱和度的黄色条纹图形，使背景的视觉表现效果更加强烈，页面中的汽车为绿色，功能操作按钮则搭配了红色，多处应用色彩对比，使得该网页 UI 的表现非常活跃、突出。

科技企业网页 UI 设计，使用企业建筑效果图作为页面的满版背景，营造出一种稳重、专业的氛围。在网页中分别使用了红色和蓝色的背景色块，形成色相的对比，有效地区分不同的内容，在色块上搭配白色的文字，清晰、易读，且能够有效地传达出公司的品牌形象和核心价值观。

图 7-20　原色对比配色的网页 UI 设计

7.4.3　间色对比

橙色、绿色、紫色是通过原色相混合所得到的间色，如图 7-21 所示，其色相对比略显柔和。自然界中植物的色彩有很多都呈现间色，很多果实为橙色或黄橙色，大家还可以经常见到各种紫色的花朵。绿色与橙色、绿色与紫色这样的对比都是活泼、鲜明且具有天然美的配色。

图 7-22 所示为间色对比配色的网页 UI 设计。

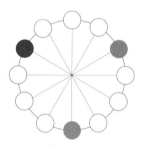

图 7-21　间色

鲜花网页 UI 设计，使用纯白色和浅黄色作为页面的背景颜色，将背景垂直划分为左、右两部分，形成无彩色与有彩色的对比，页面中的功能操作按钮和图标分别使用了高饱和度的墨绿色和橙色，使页面表现出活泼、天然的印象。

乐队宣传网页 UI 设计，使用橙色作为主色调，与紫色相搭配，橙色与紫色形成间色对比。通过色彩的对比和过渡创造出生动有趣的视觉效果。同时，白色的运用也使得整个页面更加和谐统一。整个配色方案成功地传达出活泼、创造力和信任的情感信息。

图 7-22　间色对比配色的网页 UI 设计

7.4.4 补色对比

色相环上相对的颜色称为互补色，如图 7-23 所示，是色相对比中对比效果最强的对比关系。一对补色并置在一起，可以使对方的色彩更加鲜明，如红色与绿色搭配，红色变得更红，绿色变得更绿。

典型的补色是红色与绿色、蓝色与橙色、黄色与紫色。黄色与紫色由于明暗对比强烈，色相个性悬殊，所以成为 3 对补色中冲突最强烈的一对；蓝色与橙色的明暗对比居中，冷暖对比最强，是最活跃、生动的色彩对比；红色与绿色的明暗对比近似，冷暖对比居中，在 3 对补色中显得十分优美。由于明度接近，两色之间相互强调的作用非常明显，有炫目的效果。

图 7-24 所示为补色对比配色的网页 UI 设计。

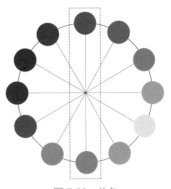

图 7-23 补色

蛋糕网页 UI 设计，使用低明度的墨绿色作为页面的背景颜色，表现出自然、高贵的印象，在页面中搭配高饱和度的红色草莓蛋糕，与背景形成强烈的补色对比效果，使草莓蛋糕产品的表现更加突出。

该网页 UI 设计使用高饱和度的蓝色和橙色进行配色，形成了强烈的补色对比。蓝色背景为页面奠定了稳定的基础，橙色则作为点缀色为页面增添了活力和亮点。白色的使用进一步提高了文字信息的可读性和页面的层次感。

图 7-24 补色对比配色的网页 UI 设计

7.4.5 冷暖对比

利用色相给人的心理带来的冷暖感差别形成的色彩对比称为冷暖对比。在色相环上把红、橙、黄称为暖色，把橙色称为暖极；把绿、青、蓝称为冷色，把天蓝色称为冷极。在色相环上使用相对应和相邻近的坐标轴可以清楚地区分出冷、暖两组色彩，即红、橙、黄为暖色，蓝紫、蓝、蓝绿为冷色。同时还可以看到红紫、黄绿为中性微暖色，紫、绿为中性微冷色，如图 7-25 所示。

色彩冷暖对比的程度分为强对比和极强对比，强对比是指暖极对应的颜色与冷色区域的颜色进行对比，冷

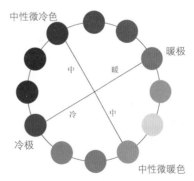

图 7-25 暖色和冷色

极对应的颜色与暖色区域的颜色进行对比，极强对比是指暖极与冷极的对比。

暖色与中性微冷色、冷色与中性微暖色的对比程度适中，暖色与暖极色、冷色与冷极色的对比程度较弱。

提示

色彩的冷暖感觉是物理、生理、心理及色彩本身等因素决定的。太阳、火焰等本身温度很高，它们反射出来的红橙色光有导热的功能。大海、蓝天、远山、雪地等环境是反射蓝色光最多的地方，所以这些地方总是冷的。因此在条件反射下，人们一看到红橙色光就会感到温暖，一看到蓝色就会产生冷的感觉。

图 7-26 所示为冷暖对比配色的网页 UI 设计。

街舞网页 UI 设计，在灰暗的页面背景中分别添加黄色和蓝色的光线照射效果，在页面背景中形成冷暖对比，通过鲜明的色彩对比和清晰的布局设计，成功地营造出一种活力与动感并存的氛围。整个配色方案既符合舞蹈学校的性质，又能够吸引用户的注意力，并激发他们对舞蹈的热爱和兴趣。

学校网页 UI 设计，以蓝色作为主色调，蓝色通常代表信任、专业和沉稳，这与教育机构所追求的稳定、可信赖和专业的形象相吻合。以红色和白色作为辅助色，营造出一种专业、现代且充满活力的视觉效果。页面不仅清晰、易读，还成功地传达了学校的核心价值观念和情感氛围。

图 7-26　冷暖对比配色的网页 UI 设计

7.4.6　面积对比

色彩面积的大小对比对 UI 色彩印象的影响很大，有时候甚至比色彩的选择更为重要。在通常情况下，大面积的色彩多选择使用明度高、饱和度低、对比弱的色彩，能够给人带来明快、持久、和谐的舒适感；中等面积的色彩多选择使用中等程度的对比，既能够引起用户的兴趣，又没有过分的刺激；小面积色彩常使用鲜艳色、明亮色以及对比色，从而引起用户的充分注意。

图 7-27 所示为面积对比配色的网页 UI 设计。

提示

当色彩面积对比悬殊时，会减弱色彩的强烈对比和冲突效果，但从色彩的作用来说，面积对比越悬殊，小面积的色彩所承受的视觉感可能会更强一点，就好比"万花丛中一点绿"那样引人注目。

　　企业宣传网页 UI 设计，使用蓝色作为主色调，蓝色背景不仅营造了一个宽广而深远的视觉空间，还突出了页面的科技感和专业性，非常适合用于展示大型企业和集团的形象。为企业 Logo 和右下角的功能按钮点缀小面积的高饱和度红色，增强了整个页面的视觉冲击力，使得用户在浏览时能够一眼看到并记住这个重要的信息点。

　　产品宣传网页 UI 设计，在页面背景中使用白色与红色相搭配，将背景划分为左右相等的两部分，形成强烈的视觉对比，能够引起用户的视觉兴趣。页面左上角的网站 Logo 则搭配了小面积的深青色背景，与页面的背景颜色形成对比，突出网站 Logo 的表现效果。

图 7-27　面积对比配色的网页 UI 设计

7.4.7　主体突出的配色

　　在 UI 配色过程中，主体明度和纯度与背景色接近的画面容易给人模糊不清、主次不明的感觉，难以很好地向用户传达主题。如果想要突出界面中的主体，可以改变主体的色彩饱和度或明度，或者是将两者同时改变，使其与界面背景形成较强的对比效果，使主体在界面中更加醒目，也使界面整体更加安定。

　　图 7-28 所示为网页 UI 中主体突出的配色设计。

　　耳机产品宣传网页 UI 设计，以蓝色渐变作为页面的背景，不仅为页面提供了清晰的视觉层次，还营造一种科技、专业和宁静的氛围。在页面中搭配白色的耳机产品图片，与蓝色背景形成鲜明的对比，使耳机成为页面的视觉焦点。该网页通过色彩搭配与对比营造出一种科技、现代且值得信赖的氛围。

　　新能源企业网页 UI 设计，使用灰色作为背景颜色，与白色背景的导航菜单相搭配，提高页面的可读性和清晰度，同时给人一种简洁、干净的感觉。在页面中最突出的颜色是蓝色，蓝色通常代表信任、专业和科技感，被用作网页的主色调或重要元素的背景色，可以营造一种稳重、专业的氛围。

图 7-28　网页 UI 中主体突出的配色设计

7.5 表现网页 UI 情感印象的配色

色彩的表现力丰富，能精准地传达情感与心理印象。在网页 UI 配色中，先明确产品的情感定位，再据此选择色彩搭配，以营造契合的视觉氛围，增强用户的情感共鸣。

7.5.1 暖色调配色

暖色调配色是针对人们对色彩的本能反应，以红色、橙色、黄色等具有温暖、热烈意向的色彩为主导的配色类型。在这些色彩的基础上添加无彩色，调和所得到的色彩都属于暖色调的范畴。暖色调配色往往给人活泼、愉快、兴奋、亲切的感受，适用于积极、努力、健康等主题的表现。

暖色调配色的情感印象

- 温暖

RGB(244,192,189) RGB(252,209,128) RGB(237,137,124) RGB(248,204,36)

- 阳光

RGB(248,204,36) RGB(255,249,208) RGB(252,209,128) RGB(255,234,0)

- 热闹

RGB(238,120,31) RGB(255,234,0) RGB(252,200,0) RGB(215,40,40)

- 明朗

RGB(235,90,42) RGB(243,152,28) RGB(255,255,255) RGB(255,236,63)

- 居家

RGB(182,106,51) RGB(244,208,140) RGB(236,172,118) RGB(200,164,147)

- 乡村

RGB(171,124,93) RGB(196,174,106) RGB(218,130,0) RGB(248,214,50)

- 充实

RGB(118,22,31) RGB(217,66,21) RGB(158,90,32) RGB(210,131,22)

- 丰润

RGB(182,90,42) RGB(216,129,0) RGB(183,110,170) RGB(118,22,31)

图 7-29 所示为使用暖色调配色的网页 UI 设计。

　　暖色调配色非常适合餐饮美食类 UI 的配色。该网页使用橙色作为主色调，这是一种充满活力和温暖的颜色。橙色能够激发人们的食欲和愉悦感，非常适合用于食品或美食相关的网页设计。在这个设计中，橙色的背景不仅突出了冰淇淋和糖果装饰的瓶子这一主要视觉元素，还营造出一种欢快、热闹的氛围。

　　儿童玩具网页 UI 设计，以黄色作为主色调，贯穿了整个页面的多个元素，包括顶部的背景、中间的图标和部分文字。黄色是一种明亮、活泼的颜色，能够迅速地吸引用户的注意力，并传达出一种温馨、快乐的氛围。在与儿童有关的网页 UI 设计中，黄色非常适合用来营造家庭般的温馨感。

图 7-29　使用暖色调配色的网页 UI 设计

7.5.2　冷色调配色

　　冷色调配色与暖色调配色相反，指的是运用青色、蓝色、绿色等具有凉爽、寒冷意象的色彩进行配色。在这些色彩的基础上添加无彩色，调和所得到的色彩都属于冷色调的范畴。冷色调配色往往能够给人冷静、理智、坚定、可靠的感受，适用于商业、干练、学习等主题表现。

冷色调配色的情感印象

* 清新

RGB(211,229,159)　　RGB(249,245,186)　　RGB(255,255,255)　　RGB(168,215,238)

* 冰爽

RGB(141,177,196)　　RGB(255,255,255)　　RGB(162,217,241)　　RGB(126,206,244)

* 梦幻

RGB(118,192,219)　　RGB(214,210,232)　　RGB(204,170,206)　　RGB(168,142,190)

* 宁静

RGB(214,224,189)　　RGB(195,203,216)　　RGB(88,172,194)　　RGB(2,88,159)

* 可靠

RGB(144,177,196)　　RGB(206,218,207)　　RGB(2,88,159)　　RGB(146,104,134)

- 健康

RGB(214,224,189) RGB(0,152,66) RGB(170,200,74) RGB(234,236,133)

- 纯净

RGB(171,205,3) RGB(41,176,230) RGB(71,176,164) RGB(51,134,74)

- 冷酷

RGB(27,47,107) RGB(118,109,111) RGB(0,0,0) RGB(0,84,132)

图 7-30 所示为使用冷色调配色的网页 UI 设计。

运动鞋产品宣传网页 UI 设计，使用不同明度的青色渐变作为页面的背景颜色，与页面中的运动鞋产品的配色相呼应，表现出协调、统一的印象，在页面中搭配白色的文字和图形，青色与白色的搭配表现出轻盈、透气、清爽的印象。

汽车宣传网页 UI 设计，以蓝色渐变为主色调，结合深蓝色轿车尾部特写和白色导航栏等辅助色调进行搭配，营造出一种高科技和高品质的感觉。通过冷色调与中性色的结合以及层次感和空间感的设计，网页在视觉上既舒适又吸引人，有效地传达了汽车产品的品牌形象和特点。

图 7-30 使用冷色调配色的网页 UI 设计

7.5.3 高调的配色

高调的配色是指选择使用较高饱和度和较强对比的色彩进行配色，能够给人带来活泼、动感、前卫、热闹等感受，具有较强的感染力和刺激感，识别度极高。高调的配色适用于健康、热闹、积极、欢乐、生动、活泼、动感、激烈、强烈、青年和儿童等主题的表现。

高调情感印象的配色

- 奔放

RGB(219,95,24) RGB(240,179,37) RGB(0,170,202) RGB(126,204,222)

- 热情

RGB(230,0,18) RGB(255,241,0) RGB(231,51,109) RGB(240,179,37)

- 民族

RGB(149,19,119)　　RGB(239,155,37)　　RGB(180,28,48)　　RGB(40,176,118)

- 欢快

RGB(129,182,39)　　RGB(255,241,0)　　RGB(222,106,43)　　RGB(90,57,142)

- 活泼

RGB(228,30,90)　　RGB(255,248,165)　　RGB(143,195,31)　　RGB(255,243,63)

- 动感

RGB(27,40,77)　　RGB(219,95,24)　　RGB(255,241,0)　　RGB(66,170,225)

- 炫丽

RGB(32,55,140)　　RGB(66,170,225)　　RGB(196,39,137)　　RGB(0,0,0)

- 人工

RGB(230,0,18)　　RGB(255,241,0)　　RGB(0,160,233)　　RGB(255,255,255)

图 7-31 所示为高调情感印象的网页 UI 配色设计。

　　游戏网页 UI 设计，以红色和橙色渐变为主色调，辅以金色、黑色和蓝色等辅助色调。通过冷暖色调的结合、明暗对比的运用以及色彩的情感传达，成功地营造出了一种充满活力、激情和科技感的氛围，非常符合电子竞技比赛的主题和定位。

　　食品企业网页 UI 设计，使用黄色作为主色调，与橙色相搭配，这两种颜色都属于暖色调，能够营造出一种温暖、明亮且充满活力的氛围。通过白色和黑色的辅助运用以及食物图片的多样化色彩点缀，成功地营造出一种温暖、活泼且易于阅读的氛围。

图 7-31　高调情感印象的网页 UI 配色设计

7.5.4　低调的配色

低调的配色是指选择使用较低饱和度和弱对比的色彩进行配色，能够给人带来质朴、安静、低调、稳重等感受。低调的配色视觉冲击力较弱，识别度相对较低，适用于朴素、温柔、平和、内敛、踏实、萧瑟、平常、大众、亲切、自然、沉稳等主题的表现。

低调情感印象的配色

- 谦逊

| RGB(160,158,165) | RGB(180,212,233) | RGB(160,191,183) | RGB(188,195,145) |

- 安宁

| RGB(156,161,203) | RGB(179,214,167) | RGB(224,205,227) | RGB(156,214,245) |

- 悠闲

| RGB(92,102,67) | RGB(121,143,80) | RGB(255,255,255) | RGB(187,210,142) |

- 内向

| RGB(149,144,153) | RGB(71,92,146) | RGB(61,73,91) | RGB(68,57,106) |

- 朴实

| RGB(252,214,144) | RGB(169,135,91) | RGB(163,182,144) | RGB(196,194,190) |

- 萧条

| RGB(135,173,161) | RGB(116,145,154) | RGB(19,4,9) | RGB(144,112,132) |

- 稳重

| RGB(71,51,32) | RGB(160,158,165) | RGB(126,66,32) | RGB(0,0,0) |

- 低调

| RGB(45,44,75) | RGB(0,0,0) | RGB(73,78,127) | RGB(71,165,167) |

图 7-32 所示为低调情感印象的网页 UI 配色设计。

　　高明度的色彩能够给人一种柔和、低调的印象。该鲜花绿植网页 UI 设计，使用高明度的浅蓝色作为页面的背景颜色，使页面表现出轻柔、明亮、舒适的印象，局部搭配墨绿色和绿色的植物图片，使网页 UI 整体表现出悠闲、自然的印象。

　　低饱和度的色彩同样能够给人一种低调、内敛的印象。该沙发产品网页 UI 设计，使用浅棕色作为主色调，营造出一种温馨、舒适和亲切的氛围，非常适合家具网站。白色作为辅助色，提高了页面的亮度，使得整体看起来更加清爽，给人感觉舒适、朴实、温馨。

图 7-32　低调情感印象的网页 UI 配色设计

7.5.5　健康的配色

　　健康的配色通常是指以绿色、蓝色、黄色、红色等色彩为主，结合明度和饱和度较高的色彩进行配色。这样的配色能够给人明快、爽朗的感受，适用于自然、健康、饮食、运动、环保、积极、乐活、天然、纯净等主题的表现。

　　健康情感印象的配色

- 活力

RGB(0,185,239)　　RGB(251,198,79)　　RGB(255,246,135)　　RGB(143,211,245)

- 清爽

RGB(46,182,170)　　RGB(255,241,0)　　RGB(255,251,199)　　RGB(128,197,143)

- 明快

RGB(188,213,48)　　RGB(255,255,255)　　RGB(246,187,167)　　RGB(63,179,212)

- 开朗

RGB(255,241,0)　　RGB(218,226,74)　　RGB(234,80,52)　　RGB(126,206,244)

- 自由

RGB(240,180,48)　　RGB(255,241,0)　　RGB(196,215,0)　　RGB(143,211,245)

- 新鲜

RGB(188,213,48)　　　RGB(252,236,182)　　　RGB(255,246,135)　　　RGB(123,195,168)

- 愉快

RGB(155,189,40)　　　RGB(251,198,79)　　　RGB(234,80,52)　　　RGB(61,105,178)

- 惬意

RGB(65,157,204)　　　RGB(126,206,244)　　　RGB(150,183,37)　　　RGB(255,255,255)

图 7-33 所示为健康情感印象的网页 UI 配色设计。

健康生活网页 UI 设计，使用白色作为页面的背景颜色，在页面中搭配高明度、低饱和度的浅灰绿色，使页面的表现非常清新、纯净，在页面中加入绿色植物素材，并为功能操作按钮点缀高饱和度的绿色，使整个网页 UI 的表现更加清新、自然、明快。

食品企业网页 UI 设计，使用高饱和度的绿色作为主色调，绿色通常与自然、健康、新鲜等积极意象相关联。辅以黄色渐变和白色文字等，整个页面呈现出一种清新自然、健康活力的视觉效果。该配色方案不仅符合网页主题，还成功地吸引了用户的注意力，并激发了他们的购买欲望。

图 7-33　健康情感印象的网页 UI 配色设计

7.5.6　警示的配色

警示的配色是指以红色、橙色、黄色和黑色等色彩组合的配色类型，属于强色调，具有强烈的对比效果，视觉冲击力很强，令人感到不安、刺激、紧张，适用于表现危险、暴力、意外、血液、诱惑、性感等主题。

警示情感印象的配色

- 诱惑

RGB(229,0,36)　　　RGB(174,30,39)　　　RGB(102,32,74)　　　RGB(0,0,0)

- 刺激

RGB(227,0,38)　　　RGB(42,63,151)　　　RGB(130,132,138)　　　RGB(0,0,0)

- 神秘

RGB(77,24,63)　　　RGB(29,43,88)　　　RGB(0,0,0)　　　RGB(127,105,165)

- 不安

RGB(0,0,0)　　　RGB(174,30,39)　　　RGB(227,0,38)　　　RGB(3,71,56)

- 诡秘

RGB(174,30,36)　　　RGB(217,137,36)　　　RGB(171,158,67)　　　RGB(0,0,0)

- 阴森

RGB(21,32,64)　　　RGB(2,88,159)　　　RGB(3,71,56)　　　RGB(0,101,96)

- 恐惧

RGB(14,103,162)　　　RGB(121,123,183)　　　RGB(0,0,0)　　　RGB(3,0,76)

- 暗哑

RGB(152,176,212)　　　RGB(195,200,222)　　　RGB(73,75,75)　　　RGB(0,0,0)

图 7-34 所示为警示情感印象的网页 UI 配色设计。

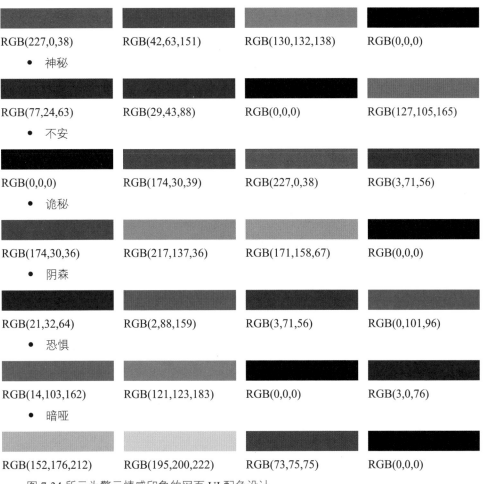

卡通网页 UI 设计，使用深暗的蓝紫色作为页面的背景颜色，搭配形象恐怖的卡通食人鱼图形，使整个页面表现出一种神秘、幽暗、不安的印象，很好地营造出网页 UI 所需要表达的氛围。

游戏网页 UI 设计，以红色渐变为主色调，辅以多彩的角色服装和白色文字等高对比度元素。通过色彩搭配和对比的运用，页面成功地传达了兴奋、紧张、年轻和活力的情感氛围，吸引了年轻游戏玩家的注意，并激发了他们玩游戏的欲望。

图 7-34　警示情感印象的网页 UI 配色设计

7.6 课后练习

在完成本章内容的学习后，接下来通过课后练习检测一下读者对本章内容的学习效果，同时加深读者对所学知识的理解。

一、选择题

1. 下列色彩中不属于三原色的是（　　）。

　　A. 红色　　　　　　B. 蓝色　　　　　　C. 绿色　　　　　　D. 黄色

2. 在色相环上间隔 60° 的色相对比称为（　　）。

　　A. 邻近色对比　　　B. 同类色对比　　　C. 中差色对比　　　D. 互补色对比

3. 设计配色的训练手法是（　　）。

　　A. 习作与写生　　　B. 观察与写生　　　C. 创作与临摹　　　D. 观察与创作

4. 下列色彩组合中不属于互补色的是（　　）。

　　A. 红色与绿色　　　B. 黄色与紫色　　　C. 红色与蓝色　　　D. 橙色与蓝色

5. 相同面积和形状的两个对比色，由于在空间位置的距离不同，对比效果也不同，下列说法中正确的是（　　）。

　　A. 两种颜色距离越远，对比效果越强

　　B. 减少两种颜色之间的距离，对比效果逐渐增强

　　C. 两种颜色互相呈现相交状态，对比效果弱

　　D. 一种颜色被另一种颜色包围，对比效果最弱

二、判断题

1. 采用同一色相的不同色调进行搭配，称之为类似色配色；而采用邻近颜色进行搭配，称之为同色相配色。（　　）

2. 渐变配色不仅丰富了画面的层次感与深度，还增强了设计的现代感与时尚气息，让 UI 界面在视觉上更加吸引人，更易于引起用户的共鸣与喜爱。（　　）

3. 同一色调配色是指选择同一色相同一色调颜色的配色方法，例如使用鲜艳的红色和鲜艳的黄色进行搭配。（　　）

4. 使用类似色相和类似色调进行 UI 配色可以带来冷静、整齐的感觉，类似的色相能够表现出画面的细微变化。（　　）

5. 在使用同明度配色过程中，可以通过加强色相差、纯度差、配色面积差、色彩分布位置以及色彩心理协调等方法，避免因相同明度色彩搭配而出现过于呆板的效果。（　　）

三、简答题

简单描述对比配色，以及网页 UI 中对比配色的方式。

第 8 章
网页 UI 配色技巧

色彩搭配既是一项技术性工作，也是一项艺术性很强的工作。在网页 UI 配色设计过程中，设计师不仅要精准地把握产品本身的特点，更需要遵循一系列艺术法则与规律，这样才能设计出风格独树一帜的网页 UI，让每一次视觉体验都成为一次心灵的触动与共鸣。

本章将向读者介绍一些 UI 设计配色技巧，包括 UI 中色彩的作用与心理感受、突出主题的配色技巧、黑白灰配色技巧、使用鲜艳的配色方案提升 UI 设计效果和网页 UI 深色背景的使用技巧等内容，希望能够帮助读者少走弯路，快速提高 UI 设计配色水平。

学习目标

1. 知识目标
- 了解 UI 中色彩的作用；
- 了解网页 UI 深色背景的适用条件；
- 了解哪些类型的网页适合使用深色背景。

2. 能力目标
- 理解色彩的感觉，并通过色彩感觉配色；
- 掌握通过配色突出网页主题的方法；
- 理解黑白灰的配色技巧；
- 掌握使用鲜艳的配色提升 UI 表现效果；
- 理解并掌握深色背景在网页 UI 配色中的使用技巧。

3. 素质目标
- 具备积极的学习态度和深厚的兴趣，乐于探索新知识；
- 具备健康的身体和较强的心理素质，能够承受学习和工作的压力。

8.1　UI 中色彩的作用与心理感受

UI 配色设计的一个基本原则就是避免界面中出现过多的色彩，使用过多的色彩进行搭配很容易导致界面看起来杂乱。合理地使用色彩能触动用户心理，提升产品的吸引力，增加用户的好感。色彩是连接产品与用户的情感桥梁。

8.1.1　UI 中色彩的作用

对于设计师来说，学会为 UI 设计配色做减法是很重要的一项技能，简洁的配色能够把重点在第一时间呈现给用户。

1. 视觉区分

在网页 UI 设计中，面对多个主要且同级别的功能与分区，设计师需精心规划界面信息内容与功能模块，构建清晰的基本布局。配色作为视觉设计的重要元素，能够助力这一目标的实现。通过巧妙地运用色彩对比与和谐，可以有效地区分不同功能区域，提升界面的层次感和可读性。

配色可以完成 UI 中不同内容和功能的视觉区分，但是 UI 中的视觉区分不能只通过配色来实现，还可以结合文字、图标、布局的设计，从而使 UI 中的视觉区分更加清晰、明确。

图 8-1 所示为通过色彩对网页 UI 进行视觉区分。

在该网页 UI 设计中，顶部导航与底部的版底信息部分都使用了高饱和度的蓝色背景，导航菜单下方的通栏产品宣传广告采用了强对比的配色方式，表现效果非常强烈，而正文内容区域使用了低饱和度的土黄色背景，通过配色很好地在界面中划分了不同的视觉区域。

该红酒宣传网页 UI 设计，通过色彩在网页中划分出不同的内容区域，使浏览者很容易分辨。配色设计以深色调为主，辅以金色等亮色点缀，通过对比与和谐的处理方式，营造出现代、稳重且不失活力的视觉氛围。

图 8-1 通过色彩对网页 UI 进行视觉区分

提示

文字相对于色彩来说，给用户带来的视觉体验要弱一些，所以需要对界面中的内容做一个优先级的排序，重要的文字内容优先使用色彩来进行突出表现。

---

2. 创造界面风格

UI 的视觉风格紧密依托于产品定位与用户需求，它是品牌理念与用户情感体验的视觉化表达。有的产品要求界面具有活力，能够让用户产生兴奋感或购买欲望，这时候可以使用光波较长的红色和橙色作为 UI 设计的主色调；有些产品强调为用户带来沉稳、舒适、内敛的感受，这时候使用蓝色、灰色作为 UI 设计的主色调会更加合适。

图 8-2 所示为通过配色创造网页 UI 的风格。

UI 的视觉风格是由文字、图像和色彩一起构成的，不仅仅是配色可以创建一个 UI 的视觉风格，文字、图像同样可以影响产品的视觉风格。

游戏宣传网页 UI 设计，使用卡通形象的"寿司"作为主体图形，使用高饱和度的橙色作为页面的主题色，给人带来强烈的活力与跃动感，搭配简洁的白色文字和蓝紫色渐变按钮，与背景形成对比，表现效果清晰、直观。

男士手表网页 UI 设计，使用接近黑色的深灰色作为页面的主题色，在页面中与低饱和度的深蓝色相搭配，体现出理性、稳重的印象，在页面中加入白色进行调和，防止页面整体色调过暗而给人带来压抑感。

图 8-2　通过配色创造网页 UI 的风格

文字的跳跃率是指同一界面中不同文字之间的大小比率。不同功能的文字在 UI 设计中会有字号和字重的区别，例如主标题、副标题和正文的字号通常是依次减小的，这种字号的差异会带来不同的文字跳跃率。一般来说，文字跳跃率高的界面会显得比较活泼，文字跳跃率低的界面会显得平静、沉着。图 8-3 所示为网页 UI 设计中的文字设置。

这是某网页 UI 中正文内容的字号大小的设置，注意观察页面中各版块的栏目标题与正文内容的字号大小。版块标题文字为 18px，内容标题文字为 16px、加粗，正文内容文字为 14px。文字内容层次分明且有效地突出了重点，让人看上去非常舒服。

图 8-3　网页 UI 设计中的文字设置

提示

不止文字有跳跃率，图片同样有跳跃率。在 UI 设计过程中，设计师可以通过控制图片和文字跳跃率来削减界面视觉风格对于配色的依赖。

3. 吸引用户的注意力

在 UI 设计中，配色是吸引用户注意力的有效方法之一。其常用策略是为主要内容或功能选择与背景色形成鲜明对比的色彩，以此实现视觉上的凸显效果。然而，并非仅依赖对比配色，另一种有效方法是运用大面积留白。留白设计通过简化界面元素，让用户的目光自然聚焦于主要内容或功能上，实现同样出色的注意力引导效果。这两种方法各有千秋，设计师可根据具体需求和场景灵活选择。

图 8-4 所示为通过色彩吸引用户的注意力。

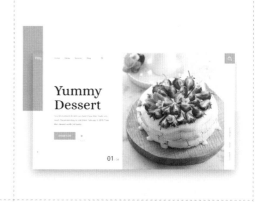

家居产品宣传网页 UI 设计，使用通栏的大幅图片来展示家居产品，视觉效果突出。在每张产品图片的上方都会叠加白色与红色的矩形背景，从而有效地吸引浏览者的关注，突出产品重要信息的表现，网页整体营造出温馨舒适且高端现代的视觉氛围。	蛋糕网页 UI 设计，页面设计非常简洁，纯白色的背景搭配少量文字和大幅蛋糕图片，在页面中充分使用留白处理，使蛋糕图片在页面中的表现非常突出，有效地吸引用户的关注，在页面局部点缀高饱和度的黄色，活跃页面的整体氛围。

图 8-4　通过色彩吸引用户的注意力

8.1.2　应用色彩感觉进行配色

色彩在 UI 设计中扮演着至关重要的角色，它不仅具有丰富多样的视觉效果，还能深刻地影响用户的心理感受，营造出截然不同的环境氛围。色彩的轻重、冷暖、软硬等特性，能够微妙地引导用户的情绪与感知，从而对产品体验产生深远的影响。

1. 色彩的轻重感

色彩的明度能够体现色彩的轻重感。高明度的色彩如同蓝天、白云、彩霞、花卉、棉花、羊毛等自然元素的视觉呈现，往往能够激发人们的轻柔、飘浮、上升、敏捷、灵活等轻盈感受；低明度的色彩则容易让人联想到钢铁、大理石等质地坚硬、重量感强的物品，从而引发沉重、稳定、降落等感受。

图 8-5 所示为应用色彩轻重感的网页 UI 配色设计。

2. 色彩的冷暖感

色彩本身确实不具备实际的冷暖温度，但其在视觉上引发的心理联想却赋予了色彩以冷暖之感，这种冷暖感是一种主观的心理体验。

红、橙、黄以及红紫等暖色调色彩，因其与太阳、火焰、热血等温暖、热烈物象的相似性，能够迅速激发人们的温暖感受，使界面充满活力和热情。这些色彩在 UI 设计中的运用，有助于营造积极向上的氛围，提升用户的参与度和购买欲望。

| 小家具宣传网页 UI 设计，使用高明度的纯白色作为背景颜色，搭配高明度的浅棕色，给人感觉明亮、灵活、温暖、舒适。页面局部点缀高饱和度的橙色，突出重点内容和功能的表现。 | 摩托车宣传网页 UI 设计，使用明度非常低的深灰色作为页面的背景颜色，与黑色的摩托车产品图片相搭配，表现出很强的金属质感，体现出摩托车产品的稳重与高品质。 |

图 8-5　应用色彩轻重感的网页 UI 配色设计

青、蓝、蓝紫等冷色调色彩容易让人联想到太空、冰雪、海洋等广阔、冷静的物象，从而引发寒冷、理智、平静的心理感受。在 UI 设计中，冷色调的运用有助于营造清新、宁静的界面氛围，适合用户需要冷静思考或放松身心的场景。

图 8-6 所示为应用色彩冷暖感的网页 UI 配色设计。

| 化妆品宣传网页 UI 设计，使用蓝色作为主色调，这是一种冷静、清新且专业的颜色，非常符合化妆品品牌所追求的高端、专业形象。浅蓝色的产品图片与背景色相呼应，稍浅一些的色调使得瓶子成为视觉焦点，同时保持了整体的和谐与统一。 | 手机产品宣传网页 UI 设计，使用白色作为页面的背景颜色，选择与产品外观色彩相同的高饱和度页红色作为页面的主题色，高饱和度的红色表现出强烈的热情、激情的色彩印象，页面的整体配色给人感觉热情且富有现代感。 |

图 8-6　应用色彩冷暖感的网页 UI 配色设计

3．色彩的前进与后退感

在 UI 设计中，色彩的视觉特性不仅体现在情感联想上，还深刻地影响着空间的感知与远近感的营造。人们在相同距离观察不同颜色时往往会产生一种错觉，即某些颜色看起来更近，而另一些显得更远。

一般来说，暖色调（如红、橙、黄）以及较高明度和纯度的色彩往往呈现出一种前进的感觉，使界面元素显得更加突出和靠近用户。强对比色、大面积色和集中色等也具有类似效果，能够增强视觉冲击力，吸引用户的注意力。

相反，冷色调（如青、蓝、紫）以及浊色、低明度色、弱对比色、小面积色等则容易让人联想到广阔、冷静的物象，从而在视觉上产生后退的感觉。

图 8-7 所示为应用前进与后退感的网页 UI 配色设计。

牛肉产品宣传网页 UI 设计，使用黑色作为页面的背景颜色，黑色在设计中通常代表高端、稳重和神秘感。在页面中搭配高饱和度的红色，突出重点功能和信息内容的表现，红色与黑色背景形成对比，仿佛从黑色背景向前突出，视觉效果强烈。	化妆品网页 UI 设计，使用低明度的深墨绿色作为页面的背景颜色，表现了一种宁静与高贵感。在产品部分搭配比背景明度稍高的墨绿色花纹素材，使页面背景产生深邃与后退感。

图 8-7　应用前进与后退感的网页 UI 配色设计

4．色彩的华丽与质朴感

色彩属性在 UI 设计中对于营造华丽与质朴感起着至关重要的作用，其中色彩饱和度是这一影响最为显著的因素之一。

高饱和度、高明度的色彩组合，以及丰富而强烈的色彩对比，能够激发人们的视觉兴奋感，营造出华丽、辉煌的氛围。这样的配色往往能够吸引用户的眼球，使界面显得生动活泼、充满活力。

相反，低饱和度、低明度的色彩搭配，以及单纯、弱对比的色彩组合，能够传递出一种质朴、典雅的感觉。这样的配色更加内敛、沉稳，有助于营造出宁静、舒适的界面氛围。

图 8-8 所示为应用华丽与质朴感的网页 UI 配色设计。

5．色彩的兴奋与沉静感

在 UI 设计中，色相和饱和度是决定色彩情感表达的两个核心要素，它们共同作用于色彩的兴奋与沉静感。

低饱和度的蓝、蓝绿、蓝紫等色彩，由于其冷静、深远的特性，往往能够使人感受到沉着与平静。高饱和度的红、橙、黄等鲜艳明亮的色彩，则因其强烈的视觉冲击力和活力感，给人以兴奋、热情的感觉。

此外，明度也在一定程度上影响着色彩的兴奋与沉静感。明亮的色彩往往给人以活泼、轻快的感觉，而暗淡的色彩可能让人感到沉闷、压抑。

图 8-9 所示为应用兴奋与沉静感的网页 UI 配色设计。

　　时尚网页 UI 设计，使用高饱和度的蓝色渐变作为页面的主色调，增加了页面的层次感和动态感。与白色和橙色相搭配，页面不仅美观大方，还具有较强的引导性和功能性。该网页 UI 配色展现了现代、时尚且富有层次感的风格。

　　旅游宣传网页 UI 设计，使用了高明度、低饱和度的灰土黄色作为页面的主色调，给人一种质朴而平静的印象，搭配深灰色的水墨风格素材，使得网站页面的表现更加复古与朴实。

图 8-8　应用华丽与质朴感的网页 UI 配色设计

　　食品宣传网页 UI 设计，在食品行业中橙色常被用来象征新鲜、甜美和诱人。该页面以橙色为主色调，这是一种温暖、明亮且充满活力的颜色。通过橙色主色调、红色点缀色和白色辅助色的巧妙搭配，营造出一种温暖、诱人且充满活力的视觉效果。

　　旅游网页 UI 设计，使用低明度的深灰蓝色作为页面的背景颜色，与顶部的自然风格图片相结合，使页面表现出稳定、宁静、舒适的氛围。在页面中搭配白色的文字，清晰、易读，局部点缀少量高饱和度的橙色，有效地活跃页面的整体氛围。

图 8-9　应用兴奋与沉静感的网页 UI 配色设计

6. 色彩的活跃与庄重感

　　高饱和度色彩、丰富的色彩以及强对比色彩，往往能够给用户带来跳跃、活泼、有朝气的感觉。这些色彩鲜艳、生动，能够迅速吸引用户的注意力，激发用户的兴奋感和活力，使界面显得生机勃勃，充满动感。

　　相反，低饱和度和低明度色彩能够营造出庄重、严肃的氛围。这些色彩相对柔和、内敛，不张扬，能够引导用户沉静下来，深入思考。它们常被用于需要表达稳重、专业、权威等信息的场景，如商务、金融等领域的 UI 设计中。

　　图 8-10 所示为应用活跃与庄重感的网页 UI 配色设计。

美食网页 UI 设计，使用白色和高饱和度的黄色作为页面的背景颜色，将页面背景垂直划分为左、右两部分，表现出强烈的视觉对比效果，在页面中搭配简洁、清晰的文字，并在局部点缀高饱和度的绿色，使整个页面表现出欢乐、活跃、开心的氛围。	博物馆网页 UI 设计，网页整体色调偏暗，这种配色在表现艺术展览的氛围时非常合适，因为它能够营造出一种庄重、深沉且专业的感觉。页面通过暗色系的背景、彩色的艺术品以及对比色的运用，成功地构建出一个庄重、专业且充满文化气息的展览空间。

图 8-10　应用活跃与庄重感的网页 UI 配色设计

8.2　突出主题的配色技巧

优秀的 UI 设计配色在提升用户体验方面扮演着至关重要的角色。一个精心设计的配色方案不仅能够明确突出界面的主题，还能有效地聚焦用户的目光，引导用户的视觉流程，从而提升信息的传达效率和用户的满意度。

8.2.1　使用高饱和度色彩烘托主题表现

不同的 UI 在突出主题时所使用的方法并不相同，一种是采取极为鲜明的主题配色，使其在视觉上占据主导地位，展现出一种无可比拟的强势风采；另一种是巧妙地运用一系列配色技法，将主题元素细腻地强化并凸显于界面之上，使之焕发出独特的光彩。

在 UI 配色设计中，为了突出界面的主要内容和主题，提高主题区域的色彩饱和度是最有效的方法，饱和度就是鲜艳度，当主题配色鲜艳起来，与界面背景和其他内容区域的配色相区分，就会达到确定主题的效果。

图 8-11 所示为不同色彩纯度表现出不同的视觉效果。

突出 UI 主题的方法有两种，一种是直接增强主题的配色，保持主题的绝对优势，可以通过提高主题配色的饱和度、增大整个界面的明度差、增强色相对比来实现；另一种是间接地强调主题，在主题配色较弱的情况下，通过添加衬托色或削弱辅助色等方法来突出主题的相对优势。

图 8-12 所示为使用高饱和度色彩突出主题的网页 UI 设计。

　　游戏手柄网页 UI 设计，页面背景采用深灰色和黑色的渐变，为页面营造出一种高端、专业的氛围，与游戏手柄这一产品的特性相契合。在左侧页面中为游戏手柄产品添加低明度的正圆形背景，页面整体色调相近，产品表现效果不够突出。在右侧页面中为游戏手柄产品添加高明度、高饱和度的橙色背景，与深灰色和黑色的背景形成鲜明对比，有效地吸引了用户的注意力，突出页面中所宣传产品的表现。

图 8-11　不同色彩纯度表现出不同的视觉效果

　　汽车宣传网页 UI 设计，使用低明度、低饱和度的灰蓝色渐变作为页面的背景颜色，使页面表现出沉稳、大气的印象，在页面中搭配高饱和度的红色汽车产品图片，并且局部搭配红色图形装饰，与灰蓝色的背景形成强烈对比，红色汽车产品的表现非常突出，主题非常明确。

　　运动品牌宣传网页 UI 设计，使用低饱和度的浅蓝色天空作为页面的背景，而人物的服装和鞋子则是高饱和度的鲜艳色彩，与背景形成对比，从而将该运动品牌的服饰凸显出来。

图 8-12　使用高饱和度色彩突出主题的网页 UI 设计

提示

　　不同的 UI 所表达的主题有所相同，如果都通过提高色彩饱和度来突出主题表现，那么有可能造成 UI 整体色调过于鲜艳，还会让用户分不清主题，所以在确定 UI 主题配色时应充分考虑与周围色彩的对比情况，通过对比色能够有效地突出主题。

8.2.2　通过留白突出 UI 主题

　　在网页 UI 设计中，需要为界面留有一些空白。UI 中的留白分为无心留白和有意留白，因为界面内容多少的缘故出现的留白是无心留白，特意安排的空白是有意留白。虽然无心留白也能够让页面拥有呼吸的空间，但在设计时应当多使用有意留白，合理的留白处理能够给界面内容保留呼吸的空间，让界面更通透，使浏览者不会被大量的密集内容压得喘不过气来。

　　在网页 UI 设计中，留白的处理非常重要，通过留白能够有效地凸显页面中的主题和重点内容，需要注意的是页面中的留白并不一定是白色，而是指在页面中合理地保留空白区域（没有任何内容的区域）。

图 8-13 所示为使用留白突出主题的网页 UI 设计。

灯具产品网页 UI 设计，采用极简设计风格，在页面的中间位置放置灯具产品图片和简单的标题文字以及产品价格，几乎没有其他装饰内容，并且青色的灯具产品与页面背景的黄色形成色相对比，突出产品的表现，很好地聚集了浏览者的目光，主题一目了然。

家居产品网页 UI 设计，采用极简设计风格，在浅灰色的背景上搭配橙色的沙发产品，橙色代表活力、温暖和创新。在该页面中，橙色还通过按钮、文字等元素反复出现，形成了统一的视觉风格。同时，页面中大量留白的应用有效地突出了内容的表现。

图 8-13　使用留白突出主题的网页 UI 设计

8.2.3　添加鲜艳色彩表现出 UI 活力

在前面所学习的配色知识中，大家了解到使用色相环中的邻近色相或类似色相进行配色，能够使 UI 表现出统一性和协调性；使用互补色进行配色，能够表现出色相之间的强烈对比。在 UI 配色中，添加鲜艳的色相进行搭配，是一种有效提升 UI 界面活力与吸引力的方法，有助于突出页面主题和重点信息，从而提升用户体验。

图 8-14 所示为通过添加鲜艳色彩表现出网页 UI 设计的活力。

耳机产品宣传网页 UI 设计，使用白色作为页面的背景，搭配黑色的文字和黑色的耳机产品，黑色产品与白色背景能够形成强烈的明度对比，表现效果清晰，但是无彩色的搭配会使页面表现沉闷。为耳机产品图片添加高饱和度的圆形黄色背景，既能够突出产品的表现，又能够使页面的表现更加活跃。

家居产品网页 UI 设计，使用极简主义设计风格进行设计，在页面中除了产品图片和少量说明文字，几乎没有其他装饰，突出产品的表现。使用纯白色作为页面的背景颜色，突出产品本身色彩的表现，在页面局部加入高饱和度的黄色图形，充分活跃了页面的整体氛围，使页面的表现更加活跃、时尚。

图 8-14　通过添加鲜艳色彩表现出网页 UI 设计的活力

8.2.4　添加点缀色为 UI 带来亮点

当网页 UI 中的主题配色比较普通、不够显眼时，可以通过在其附近添加鲜艳的高饱和度色彩为页面中的主题区域添彩，这就是 UI 中的点缀色。在 UI 设计中对于已经确定好的配色，点缀色的加入能够使整体更加鲜明和充满活力。

如果点缀色的面积太大，就会在界面中提升为仅次于主题色的辅助色，从而打破原来的页面配色。所以在 UI 配色过程中，添加色彩点缀只是为了强调主题，不能破坏页面的基础配色，使用小面积的点缀色，既能够起到装点主题的作用，又不会破坏页面的整体配色印象。

图 8-15 所示为加入点缀色为网页 UI 增加亮点。

产品宣传网页 UI 设计，使用黑色作为页面的背景主色调，搭配白色的文字，黑与白形成强对比，使页面内容表现清晰、醒目，为 Logo 和部分主题文字点缀高饱和度的红色，突出主题和品牌的表现，给人大方、醒目的印象。

橄榄油产品宣传网页 UI 设计，使用黑色作为页面的背景主色调，搭配金黄色的产品，突出表现产品的珍贵品质，为页面中的主题文字点缀高饱和度的绿色，体现出产品的绿色与健康。

图 8-15　加入点缀色为网页 UI 增加亮点

8.2.5　通过色彩明度对比表现出层次感

在所有颜色中，白色的明度最高，黑色的明度最低。即使是纯色，不同的色相具有不同的明度，例如黄色的明度接近白色，紫色的明度接近黑色。

通过运用色彩明度的对比手法，网页 UI 可以展现出丰富的层次结构，不仅使得元素间的主次关系一目了然，更显著地增强了视觉上的冲击力，赋予了界面跃动的生命力与鲜明的动态感。

图 8-16 所示为通过色彩明度对比表现出界面层次感。

在 UI 配色设计过程中，可以通过无彩色和有彩色的明度对比来凸显主题。例如，UI 背景的色彩比较丰富，主题内容是无彩色的白色，可以通过降低界面背景的明度来凸显主题色；相反，如果提高背景的色彩明度，相应地要降低主题色彩的明度，只要增强明度差异，就能提高主题色彩的强势地位。

图 8-17 所示为在网页 UI 配色中应用明度对比。

汽车宣传网页 UI 设计，页面以蓝色为主色调，蓝色通常与信任、专业、科技和未来感相关联，非常适合用于汽车品牌的宣传。在左侧页面中信息部分的蓝色背景明度较低，与页面背景的明度接近，无法突出信息的表现。在右侧页面中为信息部分搭配了高明度的蓝色背景，与低明度的蓝色页面背景形成鲜明的对比，有效地突出信息内容的表现，同时也增强了页面的色彩层次。

图 8-16　通过色彩明度对比表现出界面层次感

手机产品宣传网页 UI 设计，手机产品本身的外壳和屏幕都是高饱和度的鲜艳色彩，所以页面背景使用了低明度的深蓝色，与手机产品形成强烈的明度和饱和度对比，使手机产品的表现更加突出，整体给人时尚、富有现代感的印象。

运动品牌网页 UI 设计，背景使用了明度较低的彩色图片，主题文字使用了明度最高的白色，并且放置在界面正中心的位置，主题非常显眼、强势。品牌 Logo 放置在界面右侧中间，面积较小，但是其高饱和度的蓝色与界面整体无彩色的色调形成强烈对比，表现效果同样很突出。

图 8-17　在网页 UI 配色中应用明度对比

8.2.6　抑制辅助色或背景

　　在大部分的 UI 设计中会使用比较鲜艳的色彩来表现界面的主题，因为鲜艳的色彩在视觉上会占据有利地位。但是也有一些界面的主题色比较素雅，在这种情况下，需要对主题色以外的辅助色或背景色稍加控制，否则会造成 UI 的主题不够清晰、明确的问题。

当设计的 UI 的主题色彩偏柔和、素雅时,界面背景颜色在选择上要尽量避免纯色和暗色,可以选择使用淡色调或浊色调,它们能够巧妙地平衡背景与主题之间的关系,避免背景色彩因过于鲜亮而喧宾夺主,确保了界面主题能够清晰凸显,整体风格得以和谐统一。简而言之,通过适度地抑制辅助色或背景色的张扬,能够更好地衬托出界面主题色彩的鲜明与醒目,使设计作品更加优雅而富有韵味。

图 8-18 所示为抑制背景或辅助色突出网页主题表现。

冰淇淋美食网页 UI 设计,使用高明度的浅灰色作为页面的背景颜色,在页面中搭配中等饱和度色彩的冰淇淋产品图像,页面整体色调表现柔和、美好,并且浅色的背景更好地突出产品的表现。页面中的其他内容则分别搭配了浊色调的背景,使整个页面保持柔和的整体印象。

在该美食网页 UI 设计中,使用高明度的浅灰色作为页面的背景颜色,使页面给人一种干净、朴素的印象,美食主题图片的色彩鲜艳度在灰色背景的衬托下很好地被突出。

图 8-18 抑制背景或辅助色突出网页主题表现

8.3 简约而不简单,黑白灰配色技巧

黑色、白色与灰色统称为无彩色系,它们天生拥有着卓越的调和能力。在绝大多数色彩搭配方案中,巧妙地融入黑色、白色或灰色,都能起到极为有效的调和作用,使整体色彩搭配达到和谐统一的效果,进而创造出令人满意的视觉盛宴。

8.3.1 加入白色调和,使界面更轻盈、透气

白色所营造的光影效果,以其独特的通透性与空间感,为画面赋予了轻盈、无负担的视觉享受。它作为一种隐形的衬托力量,虽常被忽视,却是使色彩和谐不可或缺的关键角色。

在网页 UI 设计中常使用白色作为界面的背景颜色,可以使界面表现出洁净、明亮的感觉,在白色背景上搭配有彩色,可以将有彩色衬托得更加清晰、明确,并且能够有效地弱化有彩色的嘈杂感,给人带来清爽的视觉印象。图 8-19 所示为加入白色调和的网页 UI 配色设计。

如果需要突出界面中某种有彩色的表现,可以使用白色作为界面的背景颜色,使有彩色的表现更为醒目。

如果 UI 使用了有彩色作为背景颜色,那么界面中的内容也可以添加白色的背景颜色,从

而突出白色背景部分的表现，同样能够表现出很好的视觉效果。图 8-20 所示为加入白色调和的网页 UI 配色设计。

蛋糕甜品网页 UI 设计，使用白色作为界面的背景颜色，白色能够与任何颜色相搭配，并且能够有效地突出其他颜色的表现效果。在该网站页面中使用白色背景搭配灰绿色的主题颜色，使界面表现出悠闲、轻盈、舒适的印象。

绿茶宣传网页 UI 设计，页面背景采用了深色系，与白色的瓷碗和绿色的茶叶形成了鲜明的对比。深色背景不仅突出了主体元素，还营造出一种沉稳、专业的氛围。页面中的内容较少，为内容添加白色背景色块，突出信息内容的表现，同时也使页面的表现更加清新。

图 8-19　加入白色调和的网页 UI 配色设计

无线耳机产品宣传网页 UI 设计，使用纯白色作为页面的背景颜色，有效地突出页面内容的表现，清晰、易读。在页面中搭配高饱和度的蓝色，给人一种专业、冷静和科技感的感觉，使得页面在视觉上更加吸引人，并有效地传达了品牌的信息。

企业网页 UI 设计，使用浅灰色作为背景颜色，浅灰色给人一种专业、稳重的印象，并且在页面中搭配了大面积的视觉素材，表现效果强烈。为了使页面中的介绍文字更易读，为文字部分添加纯白色背景，点缀少量红色，视觉效果清晰，表现出专业的印象。

图 8-20　加入白色调和的网页 UI 配色设计

8.3.2　加入黑色调和，使界面更稳重、大气

黑色在视觉上具有收缩性，能够给人一种稳重、深沉的感觉。在复杂的配色设计中，只要加入黑色进行调和，就能够使页面有重心和秩序感，使页面稳定下来。

如果在网页 UI 中使用高明度、低饱和度的浅色调色彩搭配，整个界面就会给人轻柔的感

觉，如果需要突出这类色彩的主角地位，可以在界面中加入黑色进行调和，使界面具有稳定感。图 8-21 所示为加入黑色调和的网页 UI 配色设计。

　　相机网页 UI 设计，使用黑色作为页面的主色调，给人一种沉稳、专业的感觉，同时也与复古相机的主题相契合，营造出一种经典而神秘的氛围。白色在黑色背景上显得格外醒目，使得信息更加易于阅读，同时也为网页带来了一丝简洁和清新的感觉。

　　企业网页 UI 设计，使用浅灰色作为页面的背景颜色，使页面整体看起来柔和、专业。在页面局部搭配接近黑色的深灰色背景，浅灰色与深灰色背景形成了鲜明的对比，使得页面更加层次分明。通过色彩对比和层次感的营造，网页不仅具有良好的视觉效果和可读性，还成功地传达了专业、稳重的情感价值。

图 8-21　加入黑色调和的网页 UI 配色设计

　　在 UI 设计中，使用多种色彩进行搭配确实能够带来丰富的视觉效果，但如果不加以控制，很容易导致画面显得混乱无序。通过适量地添加黑色元素，可以在视觉上形成一种统一和秩序感，使整体设计看起来更加和谐、有序。

　　红色与黑色的配色能够给人带来强烈的视觉冲击力，从而留下深刻的印象，而红色、黑色和白色的配色常运用于时尚主题。黑色能够将本身就强烈的红色衬托得更加夺目，因此红色与黑色的配色能够产生独特的震撼力，可以很好地突出重点内容。在红色与黑色的搭配中加入白色，能够有效地缓和压抑的感觉，形成平衡感。图 8-22 所示为使用红色与黑色搭配的网页 UI 设计。

　　摩托车宣传网页 UI 设计，使用接近黑色的深灰色作为页面的背景颜色，与摩托车产品的颜色保持一致，给人带来酷炫、大气的印象。在页面中加入高饱和度的红色进行搭配，表现出强烈的视觉冲击力，给人时尚、激情的印象。

　　无人机宣传网页 UI 设计，使用黑色作为背景主色调，与橙色进行搭配。黑色作为背景色，为橙色元素提供了良好的展示平台；橙色则作为点缀色，为黑色背景增添了活力和亮点。这种搭配既符合现代科技感的设计风格，又能够吸引用户的注意力。

图 8-22　使用红色与黑色搭配的网页 UI 设计

8.3.3 加入灰色调和，使 UI 更具有质感

灰色作为比白色更柔和的调和色，它能够轻松地融入任何色彩组合之中。灰色不仅擅长于提升彩色元素的表现力，使之更加鲜明而不失和谐，更能在这一过程中保持低调，绝不喧宾夺主，确保彩色元素的光芒得以完整展现。在网页 UI 配色设计中加入灰色进行调和，为整体色彩布局增添了层次与深度，营造出一种独特的氛围感，让用户的视觉体验更加丰富而细腻。

在网页 UI 设计中，如果需要突出界面主体的表现，可以使用灰色作为界面的背景颜色，特别是当主体的色彩饱和度或明度较低时，需要表现出强烈的对比效果，例如灰色与亮黄色的搭配。

如果希望 UI 表现出低调、奢华的感觉，可以在 UI 配色中加入灰色，选取与灰色差异较小的低饱和度色彩进行搭配。图 8-23 所示为加入灰色调和的网页 UI 配色设计。

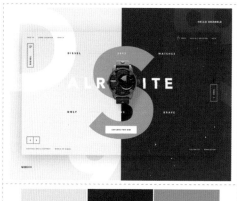 

| 手表宣传网页 UI 设计，使用浅灰色和深灰色垂直将页面背景划分为左、右两部分，将手表产品图像放置在界面中心位置，有效地突出产品的表现，并且在页面中加入了中饱和度的红色，更加突出主题的表现，界面整体给人平和、高雅、高档的印象。 | 在该网页 UI 设计中，使用浅灰色作为网页 UI 的背景颜色，表现效果非常淡雅，在界面中搭配鲜艳的蓝色几何图形装饰以及鲜艳的黄色主题文字，鲜艳的色彩与无彩色的背景形成鲜明的对比，并且地界面中运用大量的留白，这些都使得网页主题的表现非常突出。 |

图 8-23　加入灰色调和的网页 UI 配色设计

8.3.4 综合运用黑白灰搭配

无彩色系以其独特的魅力，在 UI 配色中扮演着整合网页整体印象的关键角色，它们能够强化有彩色所传达的意向，使之更加鲜明且富有力量。黑色与白色的经典组合，以其极致的简约性，赋予界面以高端、纯粹与坚定的视觉感受，这种配色方案尤为适合展现那些追求极致、崇尚简洁的主题。

灰色无与伦比的搭配能力几乎让任何色彩都能找到与之和谐共生的可能。通过调整灰色的明度，设计师能够巧妙地赋予其多变的面貌，从轻盈淡雅到深邃沉稳，每一种灰度都蕴含着丰富的层次与细腻的情感，为 UI 设计增添了无限的想象空间与表现力。

图 8-24 所示为使用黑白灰搭配的网页 UI 设计。

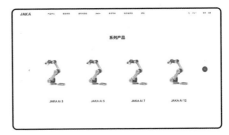

耳机产品网页 UI 设计，使用白色作为页面的背景颜色，通过搭配浅灰色、深灰色背景，将页面划分为不同的内容区域，并点缀少量蓝色，体现出科技感。网页不仅保持了简洁、现代的设计风格，还成功地传达出专业、高端、科技和时尚的情感价值。

机械产品宣传网页 UI 设计，使用浅灰色作为背景颜色，与白色相搭配，给人一种简洁、明亮的感觉，有助于突出网页上的其他元素。同时，整个页面也显得干净、专业。点缀少量红色，在白色背景上非常醒目，能够有效地吸引用户的注意力。整个网页呈现出一种简洁、明亮、专业和高端的感觉。

图 8-24　使用黑白灰搭配的网页 UI 设计

> **提示**
>
> 在色彩搭配中，除了单独使用黑色、白色、灰色进行调和之外，也可以在界面中同时使用黑色、白色和灰色，这样能够使整个画面的色彩搭配层次分明、主题突出，使画面更丰富。

8.4　使用鲜艳的配色方案提升 UI 设计效果

通过精心挑选鲜艳的配色方案并巧妙融入渐变效果，设计师们成功地为网页 UI 赋予了前所未有的视觉冲击力与吸引力。这种设计手法不仅能够有效提升页面的视觉效果，使其更加生动活泼、引人入胜，还能够根据不同产品的特性和目标受众灵活调整色彩的情感表达，从而在第一时间抓住用户的注意力，增强用户的情感体验与产品认知度。因此，鲜艳色彩与渐变效果的巧妙运用已成为现代网页 UI 设计中不可或缺的重要元素。

8.4.1　提升 UI 内容的可读性和易读性

在选择网页 UI 的配色方案时需要考虑诸多因素，其中页面内容的可读性和易读性是选择配色时需要考虑的基本因素。可读性是指用户阅读页面内容的难易程度，易读性则涉及文字内容之间的区分程度。

鲜艳的色彩能够显著提升界面元素的对比度，进而增强页面的可读性和易读性。值得注意的是，并非所有高对比度设计都能带来正面效果。当文本与背景之间的对比过于极端时，可能会引发视觉疲劳，产生晕影现象，反而降低阅读舒适度。因此，在追求对比度的同时需要进行平衡，创造出既鲜明又温和的视觉效果。这意味着在保持元素间清晰区分的同时也要确保用户能够舒适地浏览信息。

图 8-25 所示为使用鲜艳的配色方案使网页内容更易读。

耳机产品网页 UI 设计，使用高饱和度的蓝色到青色渐变作为界面的背景颜色，与该产品的颜色形成呼应，页面左侧放置相应的产品介绍文字，右侧为产品图片，版面表现简洁、直观。在蓝色渐变背景上搭配白色的文字，形成柔和、明亮的对比效果，使得文字内容非常清晰、易读。耳机产品本身就采用了红色与蓝色的对比配色，在页面中的表现效果非常突出。

在该汽车网页 UI 设计中，使用深蓝色作为背景颜色，营造了一种深邃、稳重且科技感强烈的氛围。深蓝色在视觉上有后退感，有助于将用户的注意力集中在前景元素上。鲜艳的黄色汽车非常醒目且充满活力。黄色与深蓝色背景形成了鲜明的对比，使得汽车在页面中更加突出，吸引了用户的目光。

图 8-25　使用鲜艳的配色方案使网页内容更易读

8.4.2　为交互元素应用鲜艳的色彩

在网页 UI 设计中，视觉层次的构建是导航与交互元素设计的基石。它不仅仅关乎美观，更是提升用户体验的关键。通过将 UI 中的各类元素以层次分明、逻辑清晰的方式组织起来，能够有效地引导用户视线，帮助其通过视觉差异迅速识别对象的优先级与关联性。

色彩的层次性不仅体现在其本身的明暗、饱和度等物理属性上，更深刻地关联着用户的心理感知与思维模式。红色和橙色这类大胆、鲜亮的色彩，因其高饱和度与强烈的视觉冲击力，往往能在第一时间吸引用户的注意力，因此在 UI 设计中设计师常利用这些色彩来强调需要突出显示的元素，如重要按钮、关键信息提示等，以此引导用户的视线，提高交互效率。

图 8-26 所示为在网页 UI 中为交互元素应用鲜艳色彩。

企业宣传网页 UI 设计，使用企业实拍照片作为页面的满版背景，充分展示企业的环境和风貌。页面右上角的"搜索"栏和"查看更多"按钮等交互元素搭配高饱和度的蓝色；轮换图的翻页功能则搭配高饱和度的红色，在页面中的视觉表现效果非常突出，吸引浏览者的注意。

科技企业网页 UI 设计，顶部的横幅采用了蓝色背景，这种颜色给人一种稳重、专业且科技感十足的第一印象。页面主体部分搭配不同明度的浅灰色背景，划分不同的内容区域。页面中的可交互操作元素搭配了高饱和度的黄色，与背景形成对比，能够吸引用户的注意力，引导用户关注重要的信息或功能。

图 8-26　在网页 UI 中为交互元素应用鲜艳色彩

8.4.3　鲜艳的色彩更易识别

人类的大脑对鲜艳、大胆的色彩具有天然的强烈反应，这种生理与心理的双重作用使得鲜艳的色彩更容易给人留下深刻印象。在网页 UI 设计中，巧妙地融入鲜艳的色彩配色不仅能够迅速吸引用户的眼球，还能在众多网页中脱颖而出，增强品牌的辨识度和吸引力。值得注意的是，色彩的选取也要基于目标受众和市场调研。

当一个企业的 Logo、产品及网站均采用高度统一的配色方案时，这无疑为品牌的识别度最大化奠定了坚实基础。这种色彩上的一致性不仅加深了用户对品牌的记忆，还构建了一种强烈的视觉标识，使得品牌在众多竞争者中脱颖而出。

图 8-27 所示为鲜艳的配色使网页 UI 更易识别。

 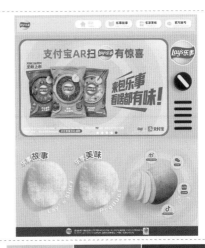

　　百事系列产品网页 UI 设计，运用该品牌的标准色作为主题色，传达出与企业品牌形象一致的印象，并且有效地与其竞争对手表现出完全不同的色彩印象，实现品牌的差异化。蓝色是一种容易令人产生退想的色彩，使人联想到大海、蓝天，给人一种舒适、清爽的感受。

　　乐事产品网页 UI 设计，使用该品牌的标准色作为主题色，黄色通常代表阳光、温暖和能量，与该品牌作为休闲零食的轻松、愉悦形象相契合。通过合理的色彩搭配和对比，网页成功地传达了活泼、愉悦的情感氛围，并吸引了用户的注意力。

图 8-27　鲜艳的配色使网页 UI 更易识别

8.4.4　营造氛围、传递情绪

色彩能够影响人的情绪并营造特定的氛围。色彩心理学领域的研究表明，当人们的眼睛捕捉到特定色彩时，大脑会迅速响应，触发内分泌系统释放相应的激素，进而微妙地引导情绪的转变，或宁静、或兴奋、或温馨。

在网页 UI 设计中，设计师通过色彩能够巧妙地引导用户进入预设的情绪状态，确保信息的有效传达与接收。例如，在打造与自然、园艺紧密相关的网页界面时，绿色与蓝色的巧妙运用便成为了不二之选。绿色象征着生机盎然与和谐自然，能够瞬间将用户带入清新脱俗的自然世界；而蓝色以其深邃与宁静营造出一种远离尘嚣、心旷神怡的氛围，完美契合园艺主题所追求的平和与放松。

图 8-28 所示为通过鲜艳的配色营造网页氛围。

茶具企业网页 UI 设计，以绿色的茶园作为网页的满版背景，绿色是一种充满生机和自然的颜色。绿色在这里不仅与"茶园"这一元素相呼应，还营造出一种宁静、清新的氛围，有助于用户放松心情，享受茶文化带来的愉悦。与白色和金色相搭配，界面不仅呈现出一种宁静、高雅和精致的视觉效果，还成功地传达了茶文化所蕴含的情感和价值。

水处理企业网页 UI 设计，使用自然风景图片作为满版背景，宽阔的河流、山脉和蓝天、白云等自然景象给人一种宁静、和谐的感觉。网页整体以蓝色为主色调，以白色为辅色调，通过合理的色彩搭配和对比关系传达出专业、稳重的情感氛围，点缀绿色，营造出自然、和谐的浏览氛围。

图 8-28　通过鲜艳的配色营造网页氛围

8.4.5　网页 UI 表现更加时尚

在当前的网页 UI 设计领域，明亮鲜艳的高饱和度色彩与渐变色的运用无疑成为了引领潮流的热门趋势。这种色彩策略以其独特的视觉冲击力，成功地在众多移动应用和网页 UI 中脱颖而出，即便在竞争日益激烈的市场环境中，也依然能够有效吸引用户的目光，激发其探索欲。

明亮鲜艳的高饱和度色彩，以其鲜明的个性与活力，为用户带来强烈的视觉冲击，让人眼前一亮。这类色彩不仅能够迅速抓住用户的注意力，还能在一定程度上传递出产品的年轻、时尚、前卫等品牌形象。同时，高饱和度色彩的运用需要设计师具备高超的色彩搭配技巧，以确保整体设计的和谐与美感，避免过于刺眼或杂乱无章的效果。

图 8-29 所示为鲜艳的配色使网页表现更时尚。

培训学校网页 UI 设计，使用白色作为页面的背景颜色，在页面中搭配了多种高饱和度的鲜艳色彩，并且这些高饱和度的鲜艳色彩以几何图形的方式表现，使得界面表现出年轻、朝气、富有活力的印象，能够很好地吸引用户的关注。

使用高和度的黄色作为界面的主题色，表现出时尚与活力的印象，与浅灰色的背景颜色相搭配，浅灰色也是一种时尚的色彩，使得界面表现出明亮、活力的感觉，在界面左下角搭配灰蓝色，与黄色形成对比，增强页面的视觉表现效果。

图 8-29　鲜艳的配色使网页表现更时尚

8.5　网页 UI 深色背景的使用技巧

背景在网页 UI 设计中同样至关重要，精心构思的背景设计能够显著提升网页 UI 的易用性，让用户操作更加流畅、自然；反之，选择一个不合适的背景则可能严重削弱整个设计的魅力，甚至让原本精心策划的网页 UI 黯然失色。

在配色方案与背景色的选取过程中需要综合考虑多种因素，包括但不限于品牌形象、用户心理、视觉美学以及实际使用场景等。深色背景作为近年来网页 UI 设计中的一种流行趋势，其运用效果可谓双刃剑，既展现出独特的优势，也伴随着不容忽视的局限性。

8.5.1　为什么实际应用深色背景的产品不多

使用深色背景的网页 UI 不多，最关键的原因是出于对文本易读性方面的考虑。文字和背景应当使用高对比度的配色。白底黑字能将可读性提升到最高，黑底白字在可读性上的效果几乎是一样的。虽然两种配色方式的对比度相同，但是后者会让用户对文字的识别稍慢一些。受限于配色方案，白色的文本内容相比于白底黑字的情况，会显得更加纤细、模糊，整体的清晰度其实不如大家常见的黑字。这种情况在纯黑背景和纯白字体的搭配下最为明显。

但是，对于并不是以文字内容为主的网页 UI 来说，用户对于深色界面背景还是能够接受的。

图 8-30 所示为使用深色背景的网页 UI 设计。

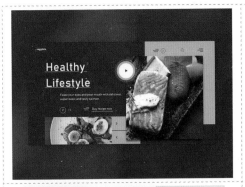
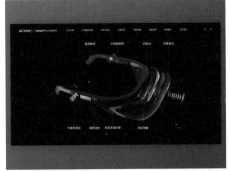

美食网页 UI 设计，使用深灰蓝色作为页面的背景颜色，深暗的背景色能够更好地凸显美食的表现效果，使美食丰富的色泽更加诱人，在页面中搭配高饱和度的黄色，与深灰蓝色的背景形成强烈对比，使页面的表现效果更加活跃，富有现代感，搭配少量纯白色的介绍文字，简洁、直观。	AR 眼镜宣传网页 UI 设计，科技类网页通常追求简洁、清晰的设计风格，该网页 UI 采用极简的设计风格，使用黑色作为页面的背景，在页面中通过动画的形式来介绍 AR 眼镜产品，页面顶部放置企业 Logo 和导航菜单文字，视觉效果简洁、清晰，使浏览者专注于产品介绍动画。

图 8-30　使用深色背景的网页 UI 设计

8.5.2　深色背景的适用条件

判断一个网页 UI 是否适合用深色背景，主要从文本的易读性、色彩的情感以及使用的场景环境这 3 个方面进行考虑。

1. 文本的易读性

对于表现大量文本内容的网页 UI 并不推荐使用深色背景，而对于内容简洁、文字量较少的页面来说是可以考虑使用深色背景进行设计的。

2. 色彩的情感

深色给人高端、有气质的印象，但深色也有负面的感知，尤其大面积的纯黑色会让人感觉沉闷和压抑；白色则大多给人干净、清爽的感觉，大面积的白色会让人放松，这也是人们最为熟悉的背景颜色，例如传统媒体，报纸、杂志等。

简而言之，在使用深色作为网页 UI 的背景颜色时需要考虑是否符合产品定位想要传递的气质。图 8-31 所示为使用深色背景表现出网页所传递的气质。

时尚男装宣传网页 UI 设计，使用深灰色与白色将背景垂直划分为左、右两个部分，表现出强烈的视觉对比效果。在左侧深色背景上搭配了白色的粗体文字，而右侧白色背景上搭配了男装品牌图片以及简单的标题文字，整个界面给人很强的视觉表现效果，并且深色背景的加入能够体现出该男装品牌的品质与高档感。	房车宣传网页 UI 设计，使用房车在傍晚野外露营的摄影图片作为页面的满版背景，给人很强的场景代入感，营造出一种宽广、自由且充满活力的氛围。为了确保网页内容的可读性，少量的页面文字信息内容都采用了纯白色搭配，与背景产生强烈的对比。该网页 UI 设计营造出一种既稳重又充满活力、既宁静又充满探险氛围的网页界面。

图 8-31　使用深色背景表现出网页所传递的气质

3. 使用的场景环境

产品使用的场景环境主要是指光线环境。在光线充足的环境中阅读黑底白字时，眼睛疲劳的速度会更快。但在夜间，由于人眼已经适应了暗环境，疲劳感不会增加。所以可以根据用户的使用环境定义界面背景颜色的深浅，例如一些手机 APP 设计有夜间模式。

8.5.3　深色背景的视觉风格

通过深色的界面背景结合其他的视觉设计语言，能够使界面呈现出不一样的视觉风格，在这里大致将深色界面的视觉风格归为两类。

1. 极度扁平、简洁

在网页 UI 设计中使用纯色色块或以线条设计为主，不做过多的修饰和质感处理，界面整体视觉效果干净利落。由于没有太多的细节设计，在这种情况下需要注意对比，例如线条和字体大小、粗细、明暗的对比，从而避免画面过于沉闷和单调。图 8-32 所示为在极简风格的网页 UI 设计中使用深色背景。

　　耳机产品宣传网页 UI 设计,完全使用无彩色进行设计,使用白色和深灰色在垂直方向上分割界面背景,使界面表现出强烈的视觉冲突,黑色的耳机产品与白色背景形成强烈的对比,体现出产品的高档与品质感。整个网页给人一种极简、干净利落的感觉。

　　汽车宣传网页 UI 设计,黑色跑车轮廓作为视觉焦点,其深邃的黑色不仅体现了跑车的沉稳与高贵,还与深色背景形成了良好的对比,使得车辆轮廓更加鲜明。深色背景的选择非常巧妙,不仅突出了车辆轮廓,还为整个页面营造了一种神秘、高端的氛围。

图 8-32　在极简风格的网页 UI 设计中使用深色背景

2. 轻质感、炫彩

　　在深色的界面背景上,局部使用渐变色进行设计,通常还会结合少量投影或光感的设计,从而突出界面的视觉表现效果。这种形式能够很好地刺激用户的视觉感官,适合需要呈现热烈氛围的场景,或者是表现亲和力的产品需求。图 8-33 所示为在深色背景中加入少量高饱和度色彩表现热烈的氛围。

　　设计服务网页 UI 设计,该网页使用接近黑色的深蓝色作为背景颜色,给人稳定的印象,在页面中搭配高饱和度的多种色彩构成的花朵图案,与背景形成鲜明的对比,这些颜色能够唤起人们对大自然的联想,营造出温馨、舒适和生机勃勃的氛围。整个网页营造出一种温馨、舒适和积极向上的氛围。

　　计算机设备宣传网页 UI 设计,使用接近黑色的深灰色作为背景颜色,在电子设备产品展示中,黑色往往与高端、科技的形象紧密相连,能够有效地突出产品的质感和技术含量。使用橙色作为点缀色,为深灰色的沉闷增添一抹亮色,使得整个页面更加生动、有趣。

图 8-33　在深色背景中加入少量高饱和度色彩表现热烈的氛围

8.5.4　哪些类型的产品适合使用深色背景

深色（尤其是黑色）的色彩表现更加深沉、厚重，这也使得它更适合于展示图片、插画、海报等内容。在界面拥有良好的布局和组织结构下，黑色能够显著地提升其他视觉元素的表现力，让内容更具有吸引力。

1. 运动类

健身运动能够让人联想到速度和力量，使用深色作为该类产品的背景是比较合适的，因为深色能够表现出力量与速度感。图 8-34 所示为使用深色背景的运动健身网页 UI 设计。

2. 高端品类

高价值的品类或者奢侈品牌使用深色作为网页 UI 的背景，能够让人感觉稳重、可靠，并且能够表现出产品的高级和品质感。图 8-35 所示为使用深色背景的高端定位产品网页 UI 设计。

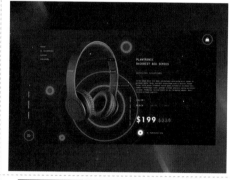

摩托车产品宣传网页 UI 设计，黑色不仅与摩托车形成了视觉上的统一，还传达出一种高端、科技和未来感。在背景中使用纯黑色，能够进一步突出摩托车的轮廓和设计细节，使观众更加专注于产品本身，辅以银色和白色进行点缀和提亮。

高端耳机产品网页 UI 设计，使用接近黑色的深灰色作为界面的背景颜色，与该耳机产品的色彩统一，使界面表现出一种高档、稳重、可靠的印象。在界面背景中点缀高饱和度的红色图形，打破界面的单调，同时也使得界面表现更加富有激情。

图 8-34　使用深色背景的运动健身网页 UI 设计　　图 8-35　使用深色背景的高端定位产品网页 UI 设计

3. 艺术、视频、音乐类

艺术类网页 UI 使用深色背景能够更好地突出表现页面中的内容，传递设计感和艺术气质。这一点和高端产品相似，深色背景都起到提高界面调性的作用。音乐、视频类的产品界面使用深色作为界面背景，则能够使界面营造出更强的氛围感和沉浸式体验。图 8-36 所示为使用深色背景的艺术类网页 UI 设计。

4. 工具类

在工具类网页 UI 中内容通常比较少，所以使用深色的背景并不会影响用户体验，反而能够让用户更聚焦于产品功能的使用。因为在黑底白字的情况下，人的生理感知会让白色内容更加突出，视觉刺激强烈，所以白色能够更快地引起用户注意。这可以说是深色页面的一个优势。图 8-37 所示为使用深色背景的网页 UI 设计。

博物馆网页 UI 设计，使用深棕灰色作为背景颜色，在视觉上具有深邃、庄重的效果，非常适合用于展示和历史文化相关的内容。它不仅能够凸显展品，使观众的注意力更加集中，还能够营造出一种神秘、肃穆的氛围，与博物馆展览的调性高度契合。

艺术杂志网页 UI 设计，使用黑色作为页面背景的主色调，给人一种沉稳、内敛的感觉。在该网页中，深色背景很好地衬托了手部的轮廓和姿态，增强了图片的亲密感和关怀氛围。搭配纯白色的文字，在视觉上既保持了简洁、清晰的特点，又传达了亲密关怀的情感氛围和社会责任感。

图 8-36　使用深色背景的艺术类网页 UI 设计　　　图 8-37　使用深色背景的网页 UI 设计

8.5.5　使用深色背景需要考虑的问题

在决定使用深暗的色彩作为 UI 的背景颜色时，如果没有合理规划细节，用户容易在页面中迷失，下面向大家介绍使用深色作为 UI 背景时需要注意的一些问题。

1. 避免使用纯黑色背景

网页 UI 的背景颜色尽量避免使用纯黑色，因为纯黑色的页面背景会让人感觉到压抑、沉闷，更不要在纯黑色的背景上搭配纯白色的文字，纯黑色背景搭配纯白色文字的对比太强，页面表现特别刺眼，很容易使人产生视觉疲劳。可以使用带有微渐变的背景颜色，或者是具有一定色彩倾向的深色系作为网页 UI 的背景颜色，这样会使页面让人感觉更透气。

2. 搭配浅色系文字

纯黑色背景搭配白色文字容易使人产生视觉残影，且高对比度的文字容易让阅读障碍人群更难阅读。因此在使用深色背景作为网页 UI 背景的情况下，文字的最佳选择是白色或者浅灰色等浅色系，避免纯黑色与纯白色文字之间的对比度过高。

3. 避免使用过细的字体

在深色背景上，过细的字体会让人更难阅读。

4. 图形的搭配

深色本身就带着一些"酷"和"冷"的气质，如果再搭配尖锐、硬朗的直角形设计，会更加强化这种印象。如果配合圆角造型，就会中和掉一些黑色带来的"冷"感，增加产品的亲和力和友好度。

5. 页面内容的层次关系

在浅色背景的网页 UI 设计中，经常使用投影来表现界面中各元素之间的层级关系。

但是如果使用深色作为网页 UI 的背景颜色，为界面中的元素添加投影效果并不是很明显，这也是很多深色背景界面的视觉效果都比较扁平化的原因。在深色背景的网页 UI 设计中，可以通过对色彩明度的变化来表现出界面中各元素之间的层级关系。

图 8-38 所示为使用深色背景的网页 UI 配色设计。

 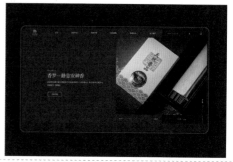

购物广场网页 UI 设计，使用黑色作为主背景色，黑色在视觉上具有稳重、高端、神秘的特性，非常适合用于展示奢侈品牌和产品。通过深色系广告横幅和高对比度文字的使用，形成了一种简洁、高端、奢华的视觉效果。

香品宣传网页 UI 设计，使用深蓝色作为页面的背景颜色，给人一种沉稳、内敛的感觉，同时也营造出一种高端、专业的氛围。这种配色选择非常符合产品的定位和品牌形象，能够体现出产品的品质和档次。使用金色作为辅助色，表现出一种高端、专业、典雅和奢华的视觉效果。

图 8-38　使用深色背景的网页 UI 配色设计

8.6 课后练习

在完成本章内容的学习后，接下来通过课后练习检测一下读者对本章内容的学习效果，同时加深读者对所学知识的理解。

一、选择题

1. 色彩中最为被动的颜色是（　　），属于中性色，有很强的调和对比作用。

　　A. 橙色　　　　　　　B. 灰色　　　　　　　C. 黑色　　　　　　　D. 白色

2. 黄色是光明的象征，是所有色彩中光辉最强、最刺眼的色彩，在有彩色中（　　）最高。

　　A. 纯度　　　　　　　B. 饱和度　　　　　　C. 明度　　　　　　　D. 膨胀度

3. 看见红色，使人联想到火、太阳，这是色彩的（　　）。

　　A. 具象联想　　　　　B. 情感联想　　　　　C. 抽象联想　　　　　D. 象征性

4. 绿色观感舒适、温和，常令人联想起森林、草地。下列选项中属于绿色象征的是（　　）。

　　A. 丰收　　　　　　　B. 灿烂　　　　　　　C. 忧郁　　　　　　　D. 和平

5. 在 UI 配色中以强烈的高饱和度鲜艳色彩作为大面积主题色，以小面积的中、低饱和度色彩作为对比色进行搭配，该 UI 表现出的色调类型属于（　　）。

　　A. 浅淡色调　　　　　B. 深暗色调　　　　　C. 鲜艳色调　　　　　D. 灰色调

二、判断题

1. 色彩的饱和度能够体现色彩的轻重感。（　　）

2. 暖色调以及浊色、低明度色、弱对比色、小面积色等容易让人联想到广阔、冷静的物象，从而在视觉上产生后退的感觉。（　　）

3. 界面中的留白并不一定就是白色，而是指在界面中合理地保留空白区域（没有任何内容的区域）。（　　　）

4. 在 UI 配色中，添加鲜艳的色相进行搭配，是一种有效提升 UI 界面活力与吸引力的方法，有助于突出界面主题和重点信息，从而提升用户体验。（　　　）

5. 通过运用色彩饱和度的对比手法，网页 UI 可以展现出丰富的层次结构，使得元素间的主次关系一目了然。（　　　）

三、简答题

如何通过高饱和度色彩突出网页主题的表现？

习题答案

第1章 网页 UI 元素设计

一、选择题

1. B   2. D   3. A   4. B   5. D

二、判断题

1. 对

2. 错，网页 UI 设计作为艺术设计的一种，其核心目标是实现最佳的信息传达效果。

3. 对

4. 对

5. 对

三、简答题

与传统媒体截然不同的是，网页 UI 设计不局限于文字和图像的简单组合，更是融入了动画、声音、视频等多元化的新兴媒体元素，这些元素的融合极大地丰富了网页的表现力，使其更加生动且引人入胜。此外，通过复杂的代码语言编程，网页 UI 还实现了多种交互式效果，这些效果不仅提升了用户的参与度和体验，还赋予了网页更强的互动性和功能性。

第2章 网页 UI 中的文字排版与图形设计

一、选择题

1. D   2. B   3. D   4. D   5. C

二、判断题

1. 对

2. 错，在网页 UI 设计中，文字间距一般根据字体大小选 1 ～ 1.5 倍作为行间距，选 1.5 ～ 2 倍作为段落间距。

3. 错，插图是以造型或图画的形式展现在网站页面设计中的元素，主要用于增强视觉传达效果。

4. 对

5. 对

三、简答题

在网页 UI 设计中，图形扮演着至关重要的角色。它们不仅能够精准地捕捉并浓缩网站页面的整体结构与风格精髓，还能以直观、立体且易于理解的方式，跨越语言的界限，直接触及观众的心灵与认知。这种超越文字的沟通方式，使得信息的传递更为高效、生动且富有感染力。

图形在网页 UI 中的作用主要表现在传达性、艺术性、表现性、趣味性、超越性几个方面。

第3章 网页 UI 布局基础

一、选择题

1. A   2. C   3. B   4. D   5. C

二、判断题

1. 错，在构建网站时，对于同一类型或处于同一层级的页面，应坚持采用统一的布局策略。

2. 对

3. 对

4. 对

5. 对

三、简答题

网页 UI 布局绝非元素的随意堆砌，而是一门精心策划的艺术，是展现网站美观与实用性的核心手段。它关乎文字、图形图像等网页元素的精妙布局与协调融合，直接影响着浏览者的视觉体验与页面的整体可用性。因此，作为网页设计师，首要任务是构思如何使页面既美观大方又不失实用性，确保每个细节都能为整体效果加分。

第 4 章　网页 UI 布局形态与视觉风格

一、选择题

1. A　　　　　2. C　　　　　3. B　　　　　4. C　　　　　5. C

二、判断题

1. 错，斜线具有动力、不安、速度和现代意识的特点。在网页 UI 设计中，斜线的运用远不止于简单的线条绘制，其粗细的微妙变化、色彩的精心搭配以及方向的巧妙选择均深刻地影响着页面的整体布局与风格走向。

2. 对

3. 错，扁平化风格摒弃了繁复、累赘的装饰效果，转而采用最纯粹的色块布局，构建出既清新又高效的视觉界面。

4. 对

5. 对

三、简答题

在设计个性化网页视觉布局时，设计师需首先植根于企业或产品的核心理念，把握所要传达的主题。随后，巧妙地运用象征性元素，通过隐喻手法，将这些抽象概念转化为具象的几何线条与形态，为设计注入灵魂。

接下来，设计师应勇于突破常规，根据个人的设计理念与表现策略，力求打造出既多样化又和谐统一的网页布局。这一过程不仅是技术的展现，更是艺术创作的体现。

此外，设计师还需审慎考量网页布局形态与网站性质的契合度，确保设计不仅独特，而且能够准确地传达网站的功能定位与品牌形象。同时，在审美层面追求布局形态与整体视觉效果的协调统一，为访客带来愉悦的视觉享受与流畅的使用体验。

第 5 章　网页 UI 配色基础

一、选择题

1. C　　　　　2. B　　　　　3. A　　　　　4. D　　　　　5. B

二、判断题

1. 对

2. 对

3. 错，无彩色系的颜色只有一种基本属性，那就是"明度"。

4. 对

5. 错，深色文字在浅色背景上表现得更好。

三、简答题

（1）明确产品的定位与目标。在为 UI 选择合理的配色方案之前，首先需要明确该产品的定位与目标，确定 UI 的核心功能和主要组成元素，这样才能够更加合理地选择配色方案。

（2）确定目标用户群体。通过分析产品的目标受众群体，往往能够让设计师更清楚需要先做什么后做什么。了解潜在用户，了解他们想从网站或者 APP 中获得什么，这样才能够为设计出可用、有用且具有吸引力的 UI 奠定坚实的基础。

（3）分析竞争对手。市场上不是只有你这一款产品，你必须要面对许多同类型产品的竞争。所以需要对市场上同类型的产品进行调研分析，通过调研可以知道哪些设计方案已经被竞争对手所使用，应该放弃已经被竞争对手使用过的设计方案。

（4）产品测试。基于用户群体、可用性、吸引力等不同因素确定配色方案的大概方向之后，每个设计方案都应该在不同分辨率、不同屏幕以及不同条件下进行适当的测试。

第 6 章　网页 UI 元素的配色

一、选择题

1. A　　　　2. B　　　　3. B　　　　4. C　　　　5. B

二、判断题

1. 错，背景色作为 UI 设计中占据绝对面积优势的元素，它不仅是页面的基底，更是整体情感氛围的塑造者，被誉为 UI 配色的"支配色"。

2. 对

3. 错，在对网页 UI 进行配色设计时，使用的色彩最好不要超过 3 种，使用过多的色彩会造成页面的混乱，让人觉得没有侧重点。

4. 对

5. 对

三、简答题

主题色作为 UI 设计中的核心色彩元素，扮演着至关重要的角色。设计师在选定主题色时需深思熟虑，确保其既能准确地传达产品的品牌形象与核心理念，又能与用户的审美偏好及心理预期相契合。一旦确定了主题色，后续的配色工作便需围绕其展开，通过精心调配辅助色与点缀色，营造出既统一、和谐又富有层次感的视觉效果。

主题色的选择并非随意而为，而是需要根据设计目标、品牌形象及用户心理等多方面因素进行综合考虑。主题色的选择通常有两种方式：需要产生鲜明、生动的效果，则选择与背景色或者辅助色呈对比的色彩；需要整体协调、稳重，则应该选择与背景色、辅助色相近的相同色相颜色或邻近色。

第 7 章　网页 UI 配色基本方法

一、选择题

1. C　　　　2. A　　　　3. D　　　　4. C　　　　5. B

二、判断题

1. 错，采用同一色相的不同色调进行搭配，称之为同色相配色；而采用邻近颜色进行搭配，称之为类似色配色。

2. 对

3. 错，同一色调配色是指选择不同色相同一色调颜色的配色方法，例如使用鲜艳的红色和鲜艳的黄色进行搭配。

4. 对

5. 对

三、简答题

对比配色是 UI 设计中色彩搭配的一种非常重要的方法，通过精心策划的色彩对比，不仅能够鲜明地凸显界面主题，更能在视觉上给予用户强烈的冲击与吸引力，激发用户的探索欲与参与感。色彩对比涵盖了色相之间的鲜明对立、明度差异的层次展现、纯度变化带来的纯净与浓烈的对比、色彩面积分配所营造的视觉平衡，以及冷暖色调交织所触发的情感共鸣，这些均是强化色彩表现力、深化设计意境的关键途径。

第 8 章　网页 UI 配色技巧

一、选择题

1. B　　　　2. C　　　　3. A　　　　4. D　　　　5. C

二、判断题

1. 错，色彩的明度能够体现色彩的轻重感。

2. 错，冷色调以及浊色、低明度色、弱对比色、小面积色等容易让人联想到广阔、冷静的物象，从而在视觉上产生后退的感觉。

3. 对

4. 对

5. 错，通过运用色彩明度的对比手法，网页 UI 可以展现出丰富的层次结构，使得元素间的主次关系一目了然。

三、简答题

在 UI 配色设计中，为了突出界面的主要内容和主题，提高主题区域的色彩饱和度是最有效的方法，饱和度就是鲜艳度，当主题配色鲜艳起来，与界面背景和其他内容区域的配色相区分，就会达到确定主题的效果。

突出 UI 主题的方法有两种，一种是直接增强主题的配色，保持主题的绝对优势，可以通过提高主题配色的饱和度、增大整个界面的明度差、增强色相对比来实现；另一种是间接地强调主题，在主题配色较弱的情况下，通过添加衬托色或削弱辅助色等方法来突出主题的相对优势。